土木工程结构
试验检测与实例分析

汪志昊　徐宙元　曾勇　著

中国电力出版社
CHINA ELECTRIC POWER PRESS

内 容 提 要

　　本书系统介绍了土木工程结构试验检测的基本理论、技术方法和实际工程案例,主要内容涵盖试验检测技术发展、静动载试验原理、数据整理与误差分析。以预应力混凝土简支梁、连续箱梁、拱桥及斜拉桥等典型结构为对象,介绍了静动载试验方案设计、测点布置、结果分析方法;结合连续刚构桥等案例,介绍了施工监控方法。

　　本书强调理论与实践结合,适合作为土木工程专业高年级及研究生教材,也可为检测单位、施工企业技术人员提供参考。

图书在版编目(CIP)数据

土木工程结构试验检测与实例分析 / 汪志昊,徐宙元,曾勇著. -- 北京 : 中国电力出版社,2025. 5. -- ISBN 978 - 7 - 5239 - 0020 - 8

Ⅰ. TU317

中国国家版本馆 CIP 数据核字第 20258ZZ339 号

出版发行:中国电力出版社
地　　　址:北京市东城区北京站西街 19 号(邮政编码 100005)
网　　　址:http://www.cepp.sgcc.com.cn
责任编辑:王晓蕾(010-63412610)
责任校对:黄　蓓　朱丽芳
装帧设计:赵丽媛
责任印制:杨晓东

印　　　刷:廊坊市文峰档案印务有限公司
版　　　次:2025 年 5 月第一版
印　　　次:2025 年 5 月北京第一次印刷
开　　　本:787 毫米×1092 毫米　16 开本
印　　　张:12.75
字　　　数:279 千字
定　　　价:58.00 元

前　言

　　土木工程作为国民经济的重要支柱，其结构的安全性与耐久性直接关系到人民生命财产安全和社会的可持续发展。随着基础设施建设的迅猛发展以及既有结构服役年限的增长，工程结构的试验检测、性能评估与施工监控已成为现代土木工程领域不可或缺的技术支撑。从新建桥梁的荷载试验到老旧建筑的性能评估，从复杂空间结构的动力特性分析到超高层建筑的施工过程控制，试验检测技术贯穿于工程全生命周期，既是验证理论设计的重要手段，也是保障工程质量的核心环节。

　　本书围绕"土木工程结构试验检测"这一核心主题，以"夯实理论根基、强化实践应用"为导向，构建了"基础理论—检测案例—施工监控"三层递进的内容框架结构。编者基于多年教学与工程实践经验，融合先进技术与工程测试成果编写本书，力求兼顾教学适用性与工程实用性，既能适合本科教学，又适用于工程应用。

　　本书分为 11 章，主要内容包括绪论、工程结构静载试验技术、工程结构动载试验技术、工程结构试验检测数据整理和分析、预应力混凝土简支小箱梁静载试验检测、三层钢框架结构模型动力特性测试与分析、某预应力混凝土空心板梁桥静动载试验检测、某预应力混凝土 T 梁桥静动载试验检测、某拱桥静动载试验检测、某斜拉桥静动载试验检测和某预应力混凝土连续刚构桥施工监控。

　　本书由汪志昊担任主编，具体编写分工如下：汪志昊（第 1、3、6 章），徐宙元（第 2、4、5、7、8、9、10 章），曾勇（第 11 章）。全书由汪志昊统稿。在初稿编写过程中得到了许艳伟博士的无私帮助，并提供了许多有价值的资料及图片，书稿的整理和编排得到了蔺伟楠硕士、褚文灏硕士和郭晋岐硕士的帮助，特此一并感谢。

　　因编者水平有限，书中难免有不妥之处，敬请专家和读者批评指导。

汪志昊

2025 年 2 月于华北水利水电大学

目　录

第1章

绪　　论

1.1　土木工程试验检测技术发展概况

土木工程结构试验与检测技术是研究和发展结构计算理论的重要手段。从确定工程材料的力学性能到验证由各种材料构成的不同类型的承重结构或构件（梁、板、柱、桥涵等）的基本计算方法，以及近年来发展的大量大跨、超高、复杂结构体系的计算理论，都离不开试验研究。特别是混凝土结构、钢结构、砖石结构和公路桥涵等设计规范所采用的计算理论，几乎全部是以试验研究的直接结果作为基础的。

17 世纪初期，意大利科学家伽利略为了解决工程上的力学问题，开展了最早的结构试验，如图 1-1 所示。他在 1638 年出版的著作《关于两门新科学的对话》中，曾错误地认为受弯梁悬臂根部 A-B 截面应力分布是均匀受拉的。

1684 年，法国物理学家马里奥特和德国数学家莱布尼兹对这个假定提出了修正，认为其应力分布不是均匀的，而是呈三角形分布的。

1713 年，法国学者巴朗进一步提出了中性层理论，认为受弯梁截面上的应力分布是以中性层为界的，一边受拉，另一边受压。但由于当时缺乏检验论证，巴朗的受弯梁截面上存在压应力的理论未被人们所接受。

图 1-1　伽利略的悬臂梁试验示意图

1767 年，法国科学家容格密里在没有任何量测仪器的情况下，为了验证巴朗的正确观点，进行了如图 1-2 所示的试验。在一根简支木梁的跨中，沿上缘受压区开槽，槽的方向与梁轴线垂直，槽内嵌入硬木垫块。试验证明，这种梁的承载能力与整体未开槽的木梁承载力几乎相同。试验结果表明，只有梁的上缘受压力时，才能有这样的结果。此试验为人们指出了进一步发展结构强度计算理论的正确方向和方法，成为结构试验的里程碑，被誉为"路标试验"。

18 世纪，荷兰穆申布罗克也完成了一个非常有意义的试验，如图 1-3 所示。他进行了压杆稳定试验，发现受压木杆的破坏表现为侧向弯曲破坏，这是最早的压杆试验。

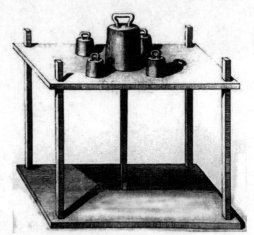

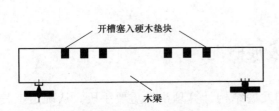

图 1-2　路标试验示意图　　　　　图 1-3　压杆稳定试验示意图

1821 年，法国科学院院士拿维叶从理论上推导出现代材料力学中受弯构件截面应力分布的计算公式。

20 多年后，法国科学院院士阿莫列思又通过试验的方法验证了这个公式。历经 200 多年的不断探索，这一问题才得以彻底解决。从这段漫长的历程可以看到，结构试验对验证理论和正确选择研究方法都起到了至关重要的作用。

19 世纪到 20 世纪初期，近代大型工程结构的建造，大都直接或间接地依赖于结构试验的结果。

1940 年 11 月 7 日，美国塔科马悬索桥发生垮塌事故，跨度 853m 的大桥在约 19m/s 的风速（相当于 8 级风）下发生剧烈的振动后垮塌。由于经过设计及计算没有发现问题，为了搞清塔科马大桥垮塌的原因，美国华盛顿大学专门建了一座 12m×30.5m 吹风口的大型风洞，以 1∶50 的全桥模型试验来观测塔科马大桥的风振情况，发现是由于"扭转颤振"造成了桥梁的垮塌。

中华人民共和国成立以后，国家对建筑结构试验十分重视。1956 年，各有关高校开始设置建筑结构试验课程，相关研究机构和高校也开始建立建筑结构实验室。尽管当时的试验条件和技术水平无法与现在相比，但通过系统的试验研究，为制定我国自己的设计标准、施工验收标准、试验方法标准和结构可靠性鉴定标准，以及我国一些重大工程结构的建设作出了贡献。我国结构试验发展的初期，主要是为了适应国民经济恢复时期的需要，对一些改建或扩建工程进行现场静力试验。

1953 年，长春市对 25.3m 高的输电铁塔进行了原型结构的检验性试验，这是我国第一次规模较大的结构试验。由于当时试验条件简陋，试验手段落后，加载设备是用吊盘内装铁块作为竖向荷载，水平荷载则用人工绞车施加，铁塔主要杆件的应变只能用机械杠杆引伸仪量测，铁塔的水平变形则用经纬仪观测。

1957 年，完成了武汉长江大桥的静力和动力试验，这是我国桥梁史上第一次进行的正规化鉴定验收试验。

1959 年，北京火车站建造时，对中央大厅的 35m×35m 双曲薄壳进行了静力试验。

20 世纪 70 年代，结构试验成为研究新结构体系不可或缺的手段。从确定结构材料的物理力学性能，到验证各种结构构件的受力特点和破坏特征，直至建立一套结构体系的计算理论，都建立在试验研究的基础上。

1973 年，对上海体育馆和南京五台山体育馆进行了网架模型试验，为建立网架结构的计算理论和模型试验理论等提供了大量的实测资料。在此之后，在北京、昆明、南宁、兰州等地先后进行了十余次规模较大的足尺结构试验。

1977 年，我国制定了"建筑结构测试技术的研究"的八年规划。

我国结构动力试验的工作起步较晚，早期主要是由科学研究机构研制一些小型振动台和激振设备，用于对建筑物、高炉及水坝等结构模型进行动力试验。随后研制出脉动测量仪，开始对新安江、小丰满和恒山等地的大型水坝工程进行实地脉动观察和测量。

1960 年以后，我国又研制出了第一批工程强震加速度计，为研究实际地震作用下的结构性能开辟了新领域。

地震是土木工程结构的一个重要灾害源，我国曾进行过各种结构的抗震试验和减震试验，如钢筋混凝土框架、剪力墙等结构类型的抗震性能试验，砖砌体、砌块结构以及底层框架砖混结构的抗震性能试验，仅在野外进行规模较大的足尺房屋抗震性能破坏试验就有十多次。

1973 年，北京进行了装配整体式框架结构（两层、一开间）抗震试验。

1978 年，兰州进行了粉煤灰密实砌块结构（五层、三开间）抗震试验。

1979 年，上海进行了中型砌块结构的抗震试验。

1982 年，中国建筑科学院对 12 层轻板框架结构模型进行的抗震试验。

1991 年，西安建筑科技大学对砖混结构（空心砖）模型（六层、二开间）进行的抗震试验。

随后，全国各地开展的各种类型的结构试验日益增多，试验项目不胜枚举，其结果为研究发展抗震计算分析理论和指导工程应用提供了十分丰富的试验资料。

近年来，大型结构试验机、模拟地震台、大型起振机、高精度传感器、电液伺服控制加载系统、信号自动采集系统等各种仪器设备和测试技术的研制，以及大型试验台座的建立，从根本上改变了试验加载的技术，实现了量测数据的快速采集、自动化记录和数据自动处理分析等；尤其计算机控制的多维地震模拟振动台，可以实现地震波的人工再现，模拟地面运动对结构作用的全过程，可以准确、及时、完整地收集并表达荷载与结构行为的各种信息。

目前结构试验技术正在向智能化方向深入发展，不断引入现代科学技术发展的新成果来解决应力、位移、裂缝、内部缺陷及振动的量测问题，与此同时，正在广泛地开展结构模型试验理论与方法的研究、计算机模拟试验及结构非破损试验技术的研究等。随着智能仪器的出现，计算机和终端设备的广泛应用，各种试验设备自动化水平的提高，将为结构试验开辟新的广阔前景。

1.2 工程结构试验与检测分类

结构试验可按试验目的、试验对象的尺寸、荷载的性质、作用时间的长短、所在场地情况等因素进行分类。

1.2.1 按试验目的分类

根据不同试验目的，结构试验可分为生产鉴定性试验和科学研究性试验两大类。

1. 生产鉴定性试验

生产鉴定性试验通常具有直接的生产目的，它以实际建筑物或结构构件为试验鉴定对象，经过试验对具体结构构件作出正确的技术结论，常用来解决以下几类问题。

（1）综合鉴定重要工程和建筑的设计与施工质量。对于一些比较重要的结构与工程，除在设计阶段进行大量必要的试验研究外，在实际结构建成后，还要求通过试验，综合鉴定其质量的可靠程度。

（2）对已建结构进行可靠性检验，用以评估结构的剩余寿命。已建结构随着建造年代和使用时间的增长，结构物逐渐出现不同程度的老化现象，有的已到了老龄期、退化期或更换期，有的则到了危险期。为保证已建建筑物的安全使用，尽可能地延长其使用寿命，防止建筑物的破坏、倒塌等重大事故的发生，国内外对建筑物的使用寿命，尤其对使用寿命中的剩余期限即剩余寿命特别关注。通过对已建建筑物的观察、检测和分析普查，按可靠性鉴定规程评定结构所属的安全等级，以此判断其可靠性和评估其剩余寿命。可靠性鉴定大多采用非破损检测的试验方法。

（3）在工程改建和加固中，通过试验判断具体结构的实际承载能力。旧有建筑的扩建加层、加固或由于需要提高建筑抗震设防烈度而进行的加固等，对于单靠理论计算难以得到分析结论时，经常是通过试验确定这些结构的潜在能力，这在缺乏旧有结构的设计计算与图纸资料，而要求改变结构工作条件的情况下更有必要。

（4）处理受灾结构和工程质量事故时，通过试验鉴定提供技术依据。对遭受地震、火灾、爆炸等而受损的结构，或在建造和使用过程中发现有严重缺陷的危险建筑，例如施工质量事故、结构过度变形和严重开裂等，往往必须进行必要的详细检测。

（5）鉴定预制构件的产品质量。构件厂或现场生产的钢筋混凝土预制构件，在构件出厂或现场安装之前，必须根据科学抽样试验的原则，按照预制构件质量检验评定标准和试验规程，通过一定数量的试件试验，推断成批产品的质量，如图 1-4 所示。

2. 科学研究性试验

科学研究性试验以研究和探索为目的，其任务是验证结构设计理论和科学判断、推理各种假设以及概念的正确性，为发展新的设计理论，发展和推广新结构、新材料和新工艺提供实践经验和设计依据。科研性试验通常用来解决以下三个方面的问题。

(1) 验证结构计算理论或者创立新的结构理论。在结构设计中，为了计算方便，通常会对结构构件的计算简图和本构关系作出简化假定，这些假定是否成立，可通过结构试验进行验证，如图1-5所示。在静载和动载分析时，结构关系的模型化完全是通过试验加以确定的，大量的混凝土本构关系也都是通过试验建立的。

图1-4　T梁现场试验检测　　　　图1-5　带PBL剪力键的钢-混凝土组合桥面板试验

(2) 为制定设计规范、技术标准提供依据。我国现行的各种结构设计规范除了总结已有工程经验以外，还进行了大量结构或构件的模型试验和实体试验的研究，为编制各种结构设计规范提供了基本资料与试验数据。现行规范采用的混凝土结构和砌体结构的计算理论，几乎都是以试验研究为基础的。系统的结构试验和研究为结构的安全性、适用性、耐久性提供了可靠的保障。

(3) 为发展和推广新结构、新材料和新工艺提供依据。随着科技的不断发展，为了实现新结构、新材料和新工艺在建筑中的应用，新的结构体系、新的设计理论必须通过试验研究进行验证。

1.2.2　按试验对象分类

根据试验对象不同，结构试验分为原型试验和模型试验。

1. 原型试验

原型试验是指试验对象的尺寸与实际结构或构件相同或接近，可不考虑结构尺寸效应的影响，如图1-6所示。

原型试验的投资大、试验周期长、加载设备复杂。足尺的原型试验一般是鉴定性试验，可在现场进行试验，也可在实验室进行试验。为了满足结构抗震研究的需要，国内外已开始重视对结构整体性的研究。通过对这类足尺结构的试验研究，可以对结构构造、

图 1-6　某空心板梁原型试验

各构件之间的相互作用、结构的整体刚度以及破坏阶段的实际工作进行全面的观测、了解。

2. 模型试验

模型试验是指试验对象仿照真实结构或构件，按照一定的比例关系复制而成，并保持与实际结构相同的几何形状，具有原型结构的主要特征，但各部分结构或构件按比例缩小，如图 1-7 所示。与原型试验相比，模型试验的关键是模型的设计与制作。模型必须按照相似理论制作，所受荷载也应与实际相符，这样就可以从模型试验推算原型结构的力学性能。模型试验常用于验证原型结构的设计参数或结构设计的安全度。

图 1-7　某桥梁钢盖梁加固 1∶3 模型试验

1.2.3　按荷载性质分类

根据结构试验对象所承受的荷载不同，可将试验分为结构静载试验和动载试验。

1. 静载试验

静载试验是结构试验中最常见的基本试验。因为结构在使用中承受的荷载多数是以静载为主，一般可以通过重力或各种类型的加载设备实现加载要求，如图 1-8 所示。静载试验的最大优点是加载设备相对比较简单，操作比较容易；缺点是不能反映荷载作用下的应变速率对结构产生的影响，特别是结构在非线性阶段的试验控制，静载试验是无法完成的。

图 1-8　某桥梁静载试验加载车辆

2. 动载试验

动载试验是研究动荷载的特性及结构在不同性质动力作用下的动力特性和动力反应。如研究厂房结构承受吊车及动力设备下的动力特性、吊车梁的疲劳强度、桥梁动力性能等问题，如图 1-9 所示。动载试验的加载设备和测试手段与静载试验有很大差别，且要比静载试验复杂得多。

图 1-9　某桥梁动载试验拾振器安装

1.2.4　按荷载作用时间长短分类

按照荷载作用时间的长短不同，结构试验又分为短期荷载试验和长期荷载试验。

1. 短期荷载试验

短期荷载试验是指结构试验时限于试验条件、试验时间和试验方法，荷载从 0 开始加载直至结构破坏，或到某阶段进行卸荷时的总时间只有几十分钟、几个小时或者几天。从严格意义上说，短期荷载试验不能代替长期荷载试验，像这种由于具体客观因素或条件的限制所产生的影响在最后试验数据分析时必须加以考虑。

2. 长期荷载试验

长期荷载试验是研究结构在长期荷载作用下的工作性能，如混凝土徐变、预应力钢筋的松弛、地基不均匀沉降等必须进行荷载的长期试验。它将连续进行几个月或者几年的时间，通过试验来获得结构受力状态随时间变化的规律。为了保证试验精度，常常要对试验环境进行严格的控制，如保持恒温恒湿、防止振动等，因此长期荷载试验必须在实验室进行。

1.2.5 按试验场所分类

按照试验场所不同，结构试验可分为实验室结构试验和现场结构试验。

1. 实验室结构试验

结构试验可以在实验室进行，也可以在现场进行。实验室结构试验由于其具备良好的工作环境、精密和灵敏的仪器设备，试验结果具有较高的准确性。实验室结构试验可以是原型试验或模型试验，试验可以进行至结构破坏。近年来，大型结构实验室的建设，特别是应用电子计算机控制试验，为发展足尺结构的整体试验和实际结构试验的自动化提供了更为有利的工作条件。

2. 现场结构试验

工程中，由于有许多试验仅在实验室是无法完成的或试件本身尺寸过大，只有通过现场实测才能获得准确的试验数据。现场结构试验多用于生产性试验，试验对象主要是正在使用的已建结构或将要投入使用的新结构。与室内试验相比，现场试验受客观环境条件的影响大，不宜使用高精度的仪器设备进行观测，且试验的方法比较简单，特别是由于现场试验没有实验室所具备的固定加载设备和试验装置，对现场加载试验会带来较大的困难。但是，目前应用非破坏检测技术手段进行现场试验，仍然可以获得近似于实际工作状态下的数据资料。

1.3 工程结构静动载试验技术发展与展望

工程结构静动载试验技术在不断发展与演进。未来，智慧试验、大数据与人工智能、试验模型精确制造、远程监测与控制技术以及跨学科融合将是该领域的重要发展方向。这些技术的应用能够提高试验效率和准确性，并为工程结构的安全性评估提供更可靠的依据。

1. 智慧试验

通过将模拟计算、机器学习与试验研究相融合，可以打破传统的模拟计算指导试验设计的范式。不仅可以利用模拟计算指导试验进程，还可以利用实测数据修正模拟计算的结果，实现两个过程的交互作用。同时，通过机器学习的手段改进传统试验思路。目前，自动化测试、结构参数识别、模型修正、机器学习等技术的研究已经为智能化试验的可行性奠定了初步的理论基础。未来，随着机器人、大数据、人工智能等新兴技术与桥梁试验技术进一步的交叉融合，试验研究将能够借助自动化的操作辅助，以及智能化、智慧化的决策帮助，实现质量与效率的大幅提升，从而实现"智慧试验"。

2. 大数据与人工智能

随着大数据和人工智能技术的快速发展，未来的静动载试验将更加依赖数据分析和智能算法。通过大规模数据采集和处理，结合人工智能算法，可以更准确地评估结构的性能，并实现对结构健康状态的实时监测与预测。随着机器学习、深度学习在各个领域发挥出的巨大潜力，对于试验数据的"质"与"量"的要求也越来越高。因此，大数据的新需求也给试验技术带来了新的挑战。

3. 试验模型精确制造

面对研究问题类型和构造形式的多样化，为了进一步提高模型试验的可靠度，需要不断提高模型的精确度，这对于试验模型的还原度提出了越来越高的要求，也对模型制造技术提出了新的挑战。目前，3D打印技术已经在工程领域取得了一些成功案例，但仍然存在一些缺陷，主要表现在材料单一和体积小的限制上。例如，在3D混凝土打印技术中，无法选择打印材料的强度，也无法植入钢筋等。为了克服这些限制，需要进一步发展和完善3D打印技术。首先，需要研究和开发更多种类的打印材料，以满足不同结构模型的需求。其次，需要改进3D打印设备的设计和功能，以支持更大尺寸和更复杂结构的打印。未来，随着3D打印技术的不断发展和创新，我们有理由相信，在工程领域中将会出现更多具有复杂形状、高精度和可靠性的3D打印模型。这将为模型试验提供更准确、更真实的实验条件，进一步推动工程结构领域的研究和发展。

4. 结构试验远程协同检测与控制技术

随着物联网技术的普及和应用，远程监测与控制技术将在静动载试验中发挥重要作用。通过远程传感器和控制系统，可以实时监测和控制试验过程中的加载条件和响应参数，提高试验效率和安全性。由于各学科之间不断的交叉融合、迭代创新，越来越多的新理念、新技术、新设备被引入到桥梁试验技术,因此,集成测试设备开发将为结构试验技术的发展开辟新的路径,例如无人机+智能检测设备、传感器+5G网络等。此外,集成试验平台开发和集成控制系统开发(如BIM+数值分析软件+试验控制系统)也将是未来试验技术提升的重要方向。

5. 跨学科融合

未来的静动载试验将更加注重跨学科融合。结构工程师、计算机科学家、传感器专家等不同领域的专业人士将共同参与试验设计与分析,通过跨学科合作,推动静动载试验技术的创新与发展。通过跨学科融合,静动载试验将能够更好地满足工程领域对于结构安全性、可持续性和效率的需求。

1.4   工程结构试验的一般程序

工程结构试验包括结构试验设计、结构试验准备、结构试验实施和结构试验分析等主要环节,各环节之间的关系如图1-10所示。

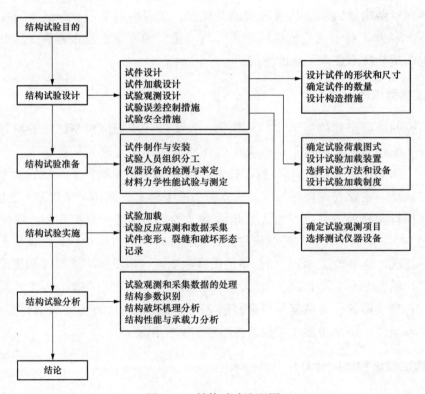

图 1-10   结构试验流程图

1.4.1　结构试验设计

结构试验设计在整个结构试验中至关重要，是具有全局性的一项工作。其主要内容是对试验工作进行全面的规划与设计，使设计的计划与试验大纲能对整个试验起到统管全局和具体指导的作用。

在进行结构试验的总体设计时，首先应该反复研究试验目的，充分了解该项试验的任务要求。因为结构试验所具有的规模与所采用的试验方法都是根据试验研究的目的、任务、要求不同而变化的。试件的设计制作、加载量测方法的确定等各个环节不可单独考虑，必须对各种因素的相互联系综合考虑才能使设计结果在执行与实施中最后达到预期目的。

其次，制订试验计划应具有针对性。先对试件做初步的理论计算及必要分析，有目的地设置观测点，选取相匹配的试验设备和量测仪表，并确定加载程序等。由于现代仪器设备和测试技术的不断发展，大量新型加载设备和测量仪器被使用到结构试验领域，这对试验工作者又提出了新的技术要求。若对新技术的知识掌握不足，或操作过程中出现微小疏忽，都会导致整个试验的不利后果，因此在进行试验总体设计时，要求对所使用的仪器设备性能进行综合分析，要求对试验人员事先组织学习，以利于试验工作的顺利进行。

1.4.2　结构试验准备

试验准备工作十分烦琐，不仅涉及面很广，而且工作量很大，据估计准备工作量约占全部试验工作量的 $1/2 \sim 2/3$。试验准备阶段的工作质量将直接影响试验结果的准确程度，甚至还关系到试验能否顺利进行到底。

在试验准备阶段，控制和把握好几个主要环节（如试件的制作和安装就位，设备仪表的安装、调试、率定等）尤为重要。准备阶段的工作，有些还直接与数据整理和资料分析有关（如预埋应变片的编号和仪表的率定记录等），为便于事后核对，试验组织者每天都应做好工作日记。

1.4.3　结构试验实施

对试验对象施加外荷载是整个试验工作的中心环节。参加试验的每一个工作人员都必须集中精力，各就其位，各尽其职，尽心做好本岗位工作。试验期间，所有工作都要按照试验规划规定的程序和方法进行。对试验起控制作用的重要数据，如钢筋的屈服应变、构件的最大挠度和最大侧移、控制截面上的应变等，在试验过程中应及时整理和分析，必要时还应跟踪观察其变化情况，并与事先计算的理论数值进行比较。若出现异常现象，应立即查明原因，排除故障，否则不得继续加载试验。

在试验过程中，除要认真读数记录外，还必须仔细观察结构的变形，例如，砌体结构和混凝土结构的开裂和裂缝的出现、裂缝的走向及其宽度、破坏的特征等。试件破坏后要绘制破坏特征图，有条件时可以拍照或录像，作为原始资料保存，以便今后研究分析时使用。

1.4.4　结构试验分析

在试验准备阶段和加载试验阶段，会获得大量数据和相关资料（如量测数据、试验曲线、变形观察记录、破坏特征描述等）。这些数据和资料一般不能直接回答试验研究所提出的各类问题，必须将其进行科学的整理、分析和计算，做到去粗取精、去伪存真。之后，要根据试验数据和资料编写总结报告。

以上各阶段的工作性质虽有差异，但都是互相联系又互相制约的，各阶段的工作没有明显的界线，计划时不能只孤立地考虑某一阶段的工作，必须兼顾各个阶段工作的特点和要求，做出综合性决策。

1.5　试验大纲及其他文件

1.5.1　结构试验大纲

结构试验组织计划的表达形式是试验大纲。试验大纲是进行整个试验工作的指导性文件。其内容的详略程度视不同的试验而定，一般应包括以下几个部分：

（1）试验项目来源，即试验任务产生的原因、渠道和性质；

（2）试验研究目的，即通过试验最后应得出的数据，如破坏荷载值、设计荷载值下的内力分布和挠度曲线、荷载-变形曲线等；

（3）试件设计及制作要求，包括试件设计的依据及理论分析，试件数量及施工图，对试件原材料、制作工艺、制作精度等要求；

（4）辅助试验内容，包括辅助试验的目的，试件的种类、数量及尺寸，试件的制作要求，试验方法等；

（5）试件的安装与就位，包括试件的支座装置、保证侧向稳定装置等；

（6）量测方法，包括测点布置、仪表标定方法、仪表的布置与编号、仪表安装方法、量测程序；

（7）加载方法，包括荷载数量及种类、加载设备、加载装置、加载图式、加载程序；

（8）试验过程的观察，包括试验过程中除仪表读数外在其他方面应做的记录；

（9）安全措施，包括安全装置、脚手架、技术安全规定等；

（10）试验进度计划；

（11）经费使用计划，即试验经费的预算计划；

（12）附件，包括经费、器材及仪表设备清单等。

1.5.2　试验其他文件

除试验大纲外，每项结构试验从开始到最终完成还应包括以下几个文件：

（1）试件施工图及制作要求说明书。

（2）试件制作过程及原始数据记录，包括各部分实际尺寸等情况。

（3）自制试验设备加工图纸及设计资料。

（4）加载装置及仪器仪表编号布置图。

（5）仪表读数记录表，即原始记录表格。

（6）量测过程记录，包括照片及测绘图等。

（7）试件材料及原材料性能测定数值的记录。

（8）试验数据的整理分析及试验结果总结，包括整理分析所依据的计算公式，整理后的数据图表等。

（9）试验工作日志。文件（1）～（9）都是原始资料，在试验工作结束后均应整理、装订成册、归档保存。

（10）试验报告。试验报告是全部试验工作的集中反映，它概括了其他文件的主要内容。编写试验报告应力求精简扼要。试验报告有时可不单独编写，而作为整个研究报告中的一部分。试验报告的内容一般包括：①试验目的；②试验对象的简介和考察；③试验方法及依据；④试验过程及问题；⑤试验成果处理与分析；⑥技术结论；⑦附录。

1.6 本书的主要内容

全书共分 11 章，核心内容是作者多年来在土木工程结构试验检测领域科研成果与工程实践的系统总结。前 4 章为理论篇，重点对结构静动载试验检测的基础知识进行介绍；后 7 章每章对应一个工程实例，实例内容均为编写组的科研与工程实践成果，内容涵盖了土木工程试验的静动载试验基本技术、静动载试验结果分析评定以及结构施工过程监测分析等。第 5～10 章为试验篇，分别介绍了预应力混凝土简支箱梁静载试验检测实例、三层钢框架结构模型动力特性测试与分析实例、某预应力混凝土空心板梁桥静动载试验检测实例、某预应力混凝土 T 梁桥静动载试验检测实例、某拱桥静动载试验检测实例和某斜拉桥静动载试验检测实例。第 11 章为监控篇，介绍了某预应力混凝土连续刚构桥施工监控实例。

本书内容做到了研究成果对现有教材内容的补充、工程实践案例对教材内容的补充、学科前沿知识对教材内容的补充。

工程结构静载试验技术

2.1 引言

桥梁、隧道、铁道、道路、房屋、大坝、基础等土木工程结构在施工和服役期间需要承受各类的荷载，包括重力荷载、地震作用、风荷载等直接荷载和间接荷载。直接荷载主要是指结构的自重和作用在结构上的外力。间接荷载指引起结构外加变形和约束变形的原因，如地震、温度变化、地基不均匀沉降、其他环境影响以及结构内部的物理、化学作用等。直接荷载又可分为静荷载和动荷载两类。静载是指试验过程中，所施加的荷载不会引起结构产生加速度效应或者此效应可以忽略不计。

为确保土木工程结构的安全使用，研究结构在荷载作用下的工作性能是结构试验与分析的主要目的。静载试验主要用于模拟结构在静荷载作用下的工作情况，研究其强度、刚度、抗裂性等基本性能及破坏机理，是工程结构试验的基础。通过测试，分析梁、板、柱等系列构件在承受拉、压、弯、剪、扭等静力荷载作用下的受力性能，可以深入了解构件在各种作用力下的结构性能和承载力、荷载与变形、荷载与混凝土构件裂缝、截面的应力应变与所施加静力荷载的关系，为研究和判断构件在静载作用下的工作性能提供依据。

根据试验时间的长短，结构静载试验可以分为短期试验和长期试验。一般情况下，结构静载试验在较短时间（数天）内可以完成，这些试验称为短期试验。但在需要了解结构的长期性能（如混凝土徐变、收缩、预应力筋松弛等）时，结构静载试验需要持续很长时间（数月或更长），这些试验称为长期试验。通过长期荷载试验可以获得结构变形等随时间变化的规律。根据场地的不同，可以分为室内和室外试验。

当前，混凝土结构的静载试验的依据是《混凝土结构通用规范》（GB 55008—2021）、《混凝土结构设计规范》（GB 50010—2010，2024 年版）、《混凝土结构工程施工质量验收规范》（GB 50204—2015）、《混凝土结构试验方法标准》（GB/T 50152—2012）、《建筑结构检测技术标准》（GB/T 50344—2019），主要针对的是工业与民用建筑和一般构筑物的普通混凝土结构。轻混凝土结构、高强混凝土结构及其他特种混凝土结构，由于混凝土材料力学性能不同，在确定试验荷载和进行试验分析时不同于普通混凝土结构，应参照执行相应的规范。针对其他结构，如水工、港口、桥梁等的静载试验则遵循专门的标准。以桥梁为例，包括《公路桥梁荷载试验规程》（JTG/T J21-01—2015）、《城市桥梁检测与评定技术规范》（CJJ/T 233—2015）等。

结构静载试验方法是结构试验的基本方法，也是结构试验的基础。结构静载试验的项目多种多样，由于试验目的的不同，试验内容也不一样。本章主要介绍结构静载试验的准备工作、方案设计、内容和方法，以及现场的结构试验检测。

2.2 静载试验的准备与现场组织

结构静载试验试验前的准备按照实施步骤和实施内容可以分成两个阶段：试验规划阶段和试验准备阶段。第一阶段主要研究对象是文件资料整理、试验对象分析及试验方案大纲的准备；第二阶段是在前者指导下进行试件准备、场地准备以及量测仪器的准备，为正式开展结构试验做好前期工作，一旦接到开始试验指令即可开展加载试验。

2.2.1 试验规划阶段

（1）反复研究试验目的。充分了解体会试验的具体任务，进行调查研究，搜集相关资料。

（2）确定试验的性质与规模。对于研究性试验，应提出并说明本试验拟研究的主要参数以及这些参数在数值上的变动范围，列表给出试件的规格尺寸和数量，绘制试件制作施工图，明确预埋传感元件技术要求，提出对材料性能的基本力学性能指标，收集与该试验有关的历史、现状、发展和存在问题等信息。对于鉴定性试验，应收集设计方面的资料，如设计图纸、计算书、设计依据及标准，同时也要收集施工方面的信息，包括施工情况、材料性能、施工记录、使用过程、超载情况、事故经过等。

（3）试验前认真规划，编制试验大纲。试验大纲是控制整个试验进程的纲领性文件，一般结构试验大纲包括：试验任务分析、试件设计及制作工艺、试验装置与加载方案设计（荷载种类及数量、加载设备装置、荷载图式及加载制度）、观测方案设计（观测项目、测点布置等）及试验终止条件和安全措施（人身和仪器仪表等的安全防护）。

在结构试验规划中，首先要进行试验对象—试件的设计，试件设计应包括试件形状、尺寸与数量以及构造措施，同时还必须满足结构及受力的边界条件、试验的破坏特征、试验加载条件等要求，尽量以最少的试件数量得到最多的试验数据，满足研究任务的需要。

2.2.2 试验准备阶段

试验准备阶段占全部试验工作的大部分时间，工作量也最大，试验准备工作的好坏直接影响到试验能否顺利进行和获得试验结果的多少。结构试验前必须进行试验准备工作，其中包括试件材料的物理力学性能测定、试件特征值估算、试件准备、设备与场地准备、试验安装等。试件准备包括试件的设计、制作、验收及有关测点的处理等。

试验准备阶段的主要工作有：

1. 试件材料物理力学性能测定

试件材料物理力学性能测定是不可缺少的环节，测定项目通常有强度、变形性能、弹性模量、泊松比、应力应变关系等。测定方法有直接测定法和间接测定法。直接测定法：在制作结构和构件时留下小试件，按有关标准方法在材料试验机上测定。间接测定法：通常采用非破损试验法，即用专门仪器对结构和构件进行试验，测定与材料有关的物理量，进而推算材料性质参数，而不破坏结构、构件。

材料的物理力学性能不仅是进行结构计算、提出计算理论的重要依据，也是结构试验中确定荷载分级、估算试件各阶段试验特征值的依据。因此，试验前必须对试件材料的物理力学性能进行测定。

2. 试件的制作及试件质量检查

试件制作必须严格按照相应的施工规范进行，并做详细记录。在制作试件时应注意材性试样的留取、编号，注明试件制作日期、原材料情况，这些原始资料都是最后分析试验结果不可缺少的参考资料。

在设计制作时应考虑试件安装和加载量测的需要，在试件上做必要的构造处理，如钢筋混凝土试件支承点预埋钢垫板、在屋架试验承受集中荷载作用的位置上应埋设钢板，以防止试件受局部承压而破坏，试件加载面倾斜时，应做出凸缘，以保证加载设备的稳定，在砖石或砌块的砌体试验中，为了使施加在试件的垂直荷载能均匀传递，一般在砌体试件的上下均应预先浇捣混凝土的垫块。

试件制作质量检查包括试件尺寸和缺陷的检查，检查时应做详细记录，并纳入原始资料。检查后，需进行表面处理，如去除或修补一些有碍试验观测的缺陷，钢筋混凝土表面的刷白和分区画格（见图 2-1）。刷白的目的是便于观测裂缝；分区画格是为了荷载与测点准确定位，记录裂缝的发生和发展过程以及描述试件的破坏形态。此外，为方便操作，有些测点的布置和处理，如手持式应变仪脚标的固定，应变计的粘贴、接线等也应在这个阶段进行。

图 2-1 某钢筋混凝土梁试件表面刷白分区

3. 场地准备

试验前应进行场地的清理，并安排好场地水、电及交通。必要时，还要做场地平面设计，架设或准备好试验中的防风、防雨和防晒措施，避免对荷载和测量造成影响。现场的支撑点的耐力应经局部验算和处理，沉降量不宜过大，以保证结构作用力的正确传递和试验工作顺利进行。

在完成上述技术、试件准备之后，即可按照试验大纲的设计要求进行试验安装。试验安装包括试件就位、加载设备和测量仪器的安装。

保证试件安装位置准确，试件边界条件符合要求，加载位置准确，试验装置稳定、对正，测点位置准确，减小试验误差和尽量避免出现安全事故，是试验安装的核心问题。此外，试件吊装时，应注意防止试件扭曲、平面外弯曲，造成试件开裂、变形，必要时加设夹具，提高试件的强度及抗裂能力。

加载设备应对正、稳定，防止加荷过程中出现偏斜、崩脱等现象，同时应采取适当安全措施，如小设备加系吊绳，避免掉落伤人伤设备。

百分表等仪表的表座应独立设置在固定的不动点上，防止与承力架、脚手架等相互影响，干扰变形的测量。测量仪器按设计要求就位后，应进行调试、试测，测点所接的仪器通道应做编号对应记录，接触式仪器（如百分表等）应加保护措施，如系吊绳，避免掉落伤人伤设备。图 2-2 为某基桩静载试验用加载设备及量测仪表安装示意图。

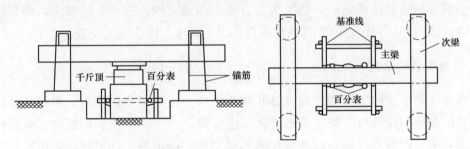

图 2-2　某基桩静载试验用加载设备及量测仪表安装示意图

4. 试件安装就位

所有支承构件均应进行强度验算，并使其安全储备大于试验结构可能有的最大安全储备。同时，试件的支承条件应力求与计算简图一致。

试件安装就位时，要尽量减少安装误差，使试件就位后的实际计算跨度（梁）和计算高度（柱）与计算简图一致。由于支座约束条件与构件的内力传递及变形有关，试件安装时应严格按照设计要求选择支座形式。

简支结构的两支点应在同一水平面上，高差不宜超过试验跨度的 1/50。钢筋混凝土结构在吊装就位过程中，应保证不出现裂缝，尤其是抗裂试验结构，必要时应附加夹具，提高试件刚度。试件、支座、支墩和台座之间应密合稳固，通常采用砂浆坐缝处理。对于超静定结构，包括四边支承的和四角支承的各支座应保持均匀接触，最好采用可调支座。试件吊装时，平面结构应防止平面外弯曲、扭曲等变形发生。悬臂柱试件的底梁应与实验室地面紧密结合，并保证悬臂柱在两个方向均处于垂直状态。图 2-3 为悬臂柱试验装置，避免轴向荷载因初始缺陷产生附加弯矩。

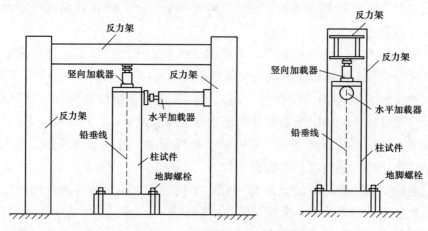

图 2-3　悬臂柱试验装置示意图

5. 安装加载设备

加载设备的安装应满足"一稳二准三方便，四强五刚六安全"的要求，即就位要稳定、准确、方便，固定设备的支撑系统要有一定的强度、刚度和安全度。

6. 仪器仪表的率定

试验前应集中试验所用的加载设备和测量仪器，进行必要的检查、调试和标定。对测力计及所有量测仪表均应按技术规定要求进行率定，各仪器仪表的率定记录应纳入试验原始记录中，误差超过规定标准的仪表不得使用。标定须有标定报告，供资料整理或使用过程中的修正。

7. 做辅助试验

辅助试验多半在加载试验阶段之前进行，以取得试件材料的实际强度，便于对加载设备和仪器仪表的量程等做进一步的验算。

8. 仪表的安装、连线和试调

仪表的安装位置、测点号，以及在应变仪或记录仪上的通道号等都应严格按照试验大纲中的仪表布置图实施，如有变动，应立即做好记录，以免时间长久后记忆不清而将测点混淆。

9. 记录表格

在试验前应根据试验要求设计记录表格，其内容及规格应详细反映试件和试验条件的情况，以及需要记录和量测的内容。切勿养成在现场临时用白纸记录的习惯。记录表格上应有试验人员的签名，并注明试验日期、时间、地点和气候条件。

10. 理论计算

计算出各加载阶段试验结构各特征部位的内力及变形值，以便在试验时判断及控制。

11. 工作日志

在准备工作阶段和试验阶段应每天记录工作日志。

2.3　试验荷载与加载方案

2.3.1　试验荷载的确定

结构静载试验的荷载应根据试验目的和要求来确定，一般有两种荷载情况：正常使用荷载和承载能力试验荷载。

（1）检验结构正常使用性能。此类试验采用正常使用荷载（即标准荷载），一般为：恒载标准值＋活载标准值。

（2）检验结构承载能力。此类试验采用承载能力试验荷载。

1）对生产鉴定性试验，承载能力试验荷载一般为：恒载标准值×分项系数＋活载标准值×分项系数，具体应按荷载规范要求计算。

2）对研究性试验，承载能力试验荷载要求达到结构破坏为止，所以也称破坏荷载。无论是哪种荷载，在试验前已经完成的重力荷载必须在试验荷载中予以扣除。

2.3.2　试验荷载的布置与等效荷载

荷载图式是指试验荷载在试件上的布置形式，包括荷载类型和分布情况。由试验目的和结构计算图式决定试验荷载图式。试件试验时的荷载图式应符合实际受载情况。

采用与计算图式不同的试验荷载图式时，其原则有：

（1）对于设计计算所采用的荷载图式的合理性有所怀疑，在试验时采用某种更接近于结构实际受力情况的荷载图式；

（2）在不影响结构的工作和试验成果分析的前提下，由于受试验条件的限制和为了加载的方便而改变荷载图式，这时的荷载图式称为等效荷载图式。

等效荷载图式需满足控制截面的内力值相等，加载时的内力图形与理论计算时的内力图形相近，另外还要考虑是否会因最大内力区域的某些变化影响结构的承载性能。如

图 2-4 所示的简支梁,要测定均布荷载 q 作用下最大弯矩 M_{max} 和最大剪力 F_{smax},可以采用等效的集中荷载。

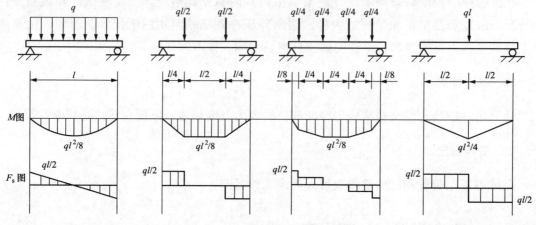

图 2-4　简支梁等效荷载示意图

2.3.3　加载控制方式

加载控制方式按照控制指标不同,分为荷载控制方式、位移控制方式和其他控制方式三种。

(1)荷载控制方式:加载量以荷载值作为控制参数,每次施加需要的荷载增量,当荷载达到预定值后,进行其他参数(如挠度、应变等)的测量。

(2)位移控制方式:以结构变形控制测点的位移量或电液伺服加载设备的活塞行程为控制参数,当位移控制测点的位移量达到规定值后,再进行其他参数(如荷载、应变等)的测量。

(3)其他控制方式:如应变控制等。

2.3.4　加载方案

加载方案应根据试件的结构形式、荷载的作用形式、加载设备的类型、加载制度的技术要求、场地的大小以及试验经费等确定。试验加载制度指的是试验进行期间荷载与时间的关系。试验加载的数值及加载程序取决于不同的试验对象和试验目的。科学研究与生产鉴定的结构构件试验一般均需做破坏试验,试验加载通常是分级并按几个循环进行,最后才加载至结构破坏。

荷载种类和加载图式确定后,还应按一定的程序加载,即称之为加载程序。加载程序是指试验进行期间荷载与时间的关系,即对试验的加载级距、加载卸载循环次数、级间间歇时间等做出有序安排。其中,加载级距是指每次加载、卸载的数值变化量。级间间歇时间是指每加载至一个级别的荷载之后的稳载时间,其目的是保证结构的变形基本上能充分地表现出来。加载卸载循环次数则反映了荷载从零加载到预定荷载(一般为正常使用极限状态荷载）后卸载，然后再加载、卸载的反复次数，通常与试验性质有关。

结构试验的加载程序应符合下列规定：

（1）探索性试验的加载程序应根据试验目的及受力特点确定。

（2）验证性试验宜分级加载，荷载分级应包括各级临界试验荷载值。

（3）当以位移控制加载时，应首先确定试件的屈服位移值，再以屈服位移值的倍数控制加载等级。

2.3.5 一般加载程序

一般结构静载试验的加载程序均分为预加载、正式加载（标准荷载）、卸载三个阶段。如图 2-5 所示就是一种典型的静载试验加载程序。对于非破坏性试验只加至正常使用荷载即标准荷载，试验后试件仍可使用。对破坏性试验，当加到正常使用荷载后，一般不需要卸载即可直接进入破坏试验阶段。

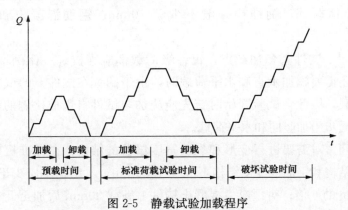

图 2-5 静载试验加载程序

1. 预加载

结构试验开始前应进行预加载，其目的在于：

（1）使试件各部分接触良好，进入正常工作状态，荷载与变形关系趋于稳定。

（2）检验全部试验装置的可靠性。

（3）检验全部量测仪表工作正常与否。

（4）检查现场组织和人员的情况，起演习作用。

预加载应控制试件在弹性范围内受力，不应产生裂缝及其他形式的加载残余值。

预加载一般分三级加载，级间停歇时间一般为 10min，每级荷载取标准荷载的 20%。对于脆性材料结构，预加载值不宜超过开裂荷载计算值的 70%（含自重）。

2. 正式加载

预加载完成后，开始正式加载试验，正式加载一般采用分级加载形式。荷载分级的目的是控制加载速度，便于观察结构变形随荷载变化的规律，了解结构在各个阶段的工作性能，同时也为读取各种数据提供所必需的时间。分级方法应考虑能得到比较准确的承载力试验荷载、开裂荷载值和正常使用状态的试验荷载值及其相应的变形。

（1）荷载分级。在加载达到标准荷载前，每级加载值不应大于标准荷载的 20%，一般分五级加至标准荷载；达到标准荷载之后，每级不宜大于标准荷载的 10%；当荷载加至计算破坏荷载的 90% 后，为了求得精确的破坏荷载值，每级应取不大于标准荷载的 5%；对于需要做抗裂检测的结构，加载到计算开裂荷载的 90% 后，也应改为不大于标准荷载的 5% 施加，直至第一条裂缝出现。

柱子加载，一般按计算破坏荷载的 $1/15 \sim 1/10$ 分级，接近开裂或破坏荷载时，应减至原来的 $1/3 \sim 1/2$ 施加。

砌体抗压试验，对不需要测变形的，按预期破坏荷载的 10% 分级，每级在 $1 \sim 1.5\text{min}$ 内加完，恒载 $1 \sim 2\text{min}$。加至预期破坏荷载的 80% 后，不分级直接加至破坏。

为了使结构在荷载作用下的变形得到充分发挥和达到基本稳定，每级荷载加完后应有一定的级间停留时间，钢结构一般不少于 10min；钢筋混凝土和木结构应不少于 15min。

应该注意，同一试件上各加载点，每一级荷载都应当按统一比例增加，保持同步。如果按一定比例还需要施加垂直和水平荷载时，由于搁置在试件上的试验设备重量已作为部分第一级荷载，因此，试验开始时首先应施加与试件自重成比例的水平荷载，然后再按规定的比例同步施加竖向和水平荷载。

（2）满载时间。对需要进行变形和裂缝宽度试验的结构，在标准短期荷载作用下的持续时间，对钢结构和钢筋混凝土结构不应少于 30min；木结构不应少于 30min 的 2 倍，拱或砌体为 30min 的 6 倍；对预应力混凝土构件，满载 30min 后加至开裂，在开裂荷载下再持续 30min（检验性构件不受此限）。

对于采用新材料、新工艺、新结构形式的结构构件，跨度较大（大于 12m）的屋架、桁架等结构构件，为了确保使用期间的安全，要求在使用状态短期试验荷载作用下的持续时间不宜少于 12h，在这段时间内变形继续不断增长而无稳定趋势时，还应延长持续时间直至变形发展稳定为止。如果荷载达到开裂试验荷载计算值时，试验结构已经出现裂缝则开裂试验荷载可不必持续作用。

（3）空载时间。受载结构卸载后到下一次重新开始受载之间的间歇时间称空载时间。空载对于研究性试验是完全必要的。因为观测结构经受荷载作用后的残余变形和变形的恢复情况均可说明结构的工作性能。要使残余变形得到充分发展需要有相当长的空载时间，有关试验标准规定：对于一般的钢筋混凝土结构空载时间取 45min；对于较重要的结构构件和跨度大于 12m 的结构取 18h（即为满载时间的 1.5 倍）；对于钢结构不应少于 30min。为了解变形恢复过程，必须在空载期间定期观察和记录变形值。

3. 卸载

对于需要研究试件恢复性能的试验，加载完成后应按阶段分级卸载。卸载和量测应符合下列规定：

（1）每级卸载值可取极限荷载的 20%，也可按各级临界试验荷载逐级卸载。

（2）卸载时，宜在各级临界试验荷载下持荷并量测各试验参数的残余值，直至卸载完毕。

（3）全部卸载完成后，宜经过一定的时间后重新量测残余变形、残余裂缝形态及最大裂缝宽度等，以检验试件的恢复性能。恢复性能的量测时间，对于一般结构构件取 1h，对于新型结构和跨度较大的试件取为 12h，也可根据需要确定时间。

2.4　量测方案

制订试验量测方案时，应结合试验目的和要求，确定观测项目，选择量测区域，布置测点位置。按照确定的量测项目，选择合适的仪表并确定试验观测方法。

2.4.1　观测项目的确定

结构在试验荷载及其他模拟条件作用下的变形可以分为两类：一类反映结构整体工作状况，如梁的最大挠度及整体挠度曲线，拱式结构和框架结构的最大垂直和水平位移及整体变形曲线，杆塔结构的整体水平位移及基础转角等。另一类反映结构局部工作状态，如局部纤维变形、裂缝以及局部挤压变形等。

在确定试验的观测项目时，首先应该考虑整体变形，因为结构的整体变形最能概括其工作全貌。结构任何部位的异常变形或局部破坏都能在整体变形中得到反映。对于检测性试验，按照结构设计规范关于结构构件在正常使用极限状态的要求，当需要控制结构构件的变形时，结构构件的试验也应量测结构构件的整体变形。转角和曲率的量测也是实测分析中的重要内容，特别在超静定结构中应用较多。

在缺乏量测仪器的情况下，对于一般的生产稳定性试验，只测定最大挠度一项也能做出基本的定量分析。但对易于产生脆断破坏的结构构件，挠度的不正常发展与破坏会同时发生，变形曲线上没有十分明显的预告，量测中的安全工作要引起足够的重视。

其次是局部变形的量测，如钢筋混凝土结构裂缝的出现就直接说明其抗裂性能，而控制截面上的应变大小和方向则可推断截面应力状态，并验证设计与计算方法是否合理正确。在非破坏性试验中，实测应变又是推断结构应力和极限承载力的主要指标。在结构处于弹塑性阶段时，应变、曲率、转角或位移的量测和描绘，也是判定结构工作状态和抗震性能的主要依据。

总的说来，观测项目和测点布置必须满足分析和推断结构工作状态的要求。

2.4.2　测点的选择与布置

用仪器对结构或构件进行内力和变形等参数的量测时，测点的选择与布置应遵循以下几条原则。

（1）在满足试验目的的前提下，测点宜少不宜多，以简化试验内容，节约经费开支，并使重点观测项目突出。

（2）测点的位置必须有代表性，以便能获取最关键的数据，便于对试验结果分析和计算。

（3）为了保证量测数据的可靠性，应该布置一定数量的校核性测点，这是因为在试验过程中，由于偶然因素会有部分仪器或仪表工作不正常或发生故障，影响量测数据的可靠性，因此不仅在需要量测的部位设置测点，也应在已知参数的位置上布置校核测点，以便于判别量测数据的可靠程度。

（4）测点的布置对试验工作的进行应该是方便、安全的。安装在结构上的附着式仪表在达到正常使用荷载的 1.2～1.5 倍时应该拆除，以免结构突然破坏使仪表受损。为了测读方便，减少观测人员，测点的布置宜适当集中，便于一人管理多台仪器。控制部位的测点大多处于比较危险的位置，应慎重考虑安全措施，必要时应选择特殊的仪器仪表或特殊的测定方法来满足量测要求。

2.4.3　仪器的选择与测读的原则

1. 仪器的选择

从观测的角度讲，选择仪器应考虑如下问题：

（1）选择的仪器仪表，必须能满足试验所需的精度与量程要求，能用简单仪器仪表的就不要选择精密的。精密量测仪器的使用要求有比较良好的环境和条件，选用时，既要注意条件，又要避免盲目追求精度。试验中若仪器量程不够，中途调整必然会增大量测误差，应尽量避免。

（2）现场试验，由于仪器所处条件和环境复杂，影响因素较多，电测仪器的适应性就不如机械式仪表。测点较多时，机械式仪表不如电测仪器灵活、方便，选用时应作具体分析和技术比较。

（3）试验结构的变形与时间因素有关，测读时间应有一定限制，必须遵守有关试验方法标准的规定。仪器的选择应尽可能测读方便、省时，当试验结构进入弹塑性阶段时，变形增加较快，应尽可能使用自动记录仪表。

（4）为了减少量测的误差和方便工作，量测仪器的型号、规格应尽可能一致，种类越少越好。有时为了控制试验观测结果的准确性，常在控制测点或校核性测点上同时使用两种类型的仪器，以便比较。

2. 测读的原则

仪器的测读应按一定的程序进行，具体的测试方法与试验方案、加载程序有密切关系，应当注意：

（1）在进行测读时，原则上全部仪器的读数必须同时进行，至少也要基本同步。只有将同时测得的数据综合起来，才能说明结构在某一承载状态下的实际情况。

（2）测读仪器的时间，一般选在试验荷载过程中恒载间歇的时间内。若荷载分级较细，某些仪表的读数变化非常小，对于这些仪表或其他一些次要仪表，可以每两级测读一次。

（3）当恒载时间较长，按结构试验的要求，应测取恒载下变形随时间的变化。空载时，也应测取变形随时间的恢复情况。

（4）每次记录仪器的读数时，应该同时记下周围的温度。

（5）重要的数据应边作记录，边作初步整理，同时算出每级荷载的读数差，与预计的理论值进行比较。

2.5　静载试验结果评定方法

通过结构试验，对结构的承载能力、变形、抗裂度、裂缝宽度进行评定，给出评定结论。进行结构性能评定，应根据构件类型及要求选择不同的检验项目。表 2-1 为预制构件性能检验的项目和检验要求。结构性能检验的方法有两种：一种是以现行结构设计规范的允许值为检验依据进行检验；另一种是以构件实际的设计值为依据进行检验。下面以钢筋混凝土构件为例，讨论结构构件性能的评定问题。

表 2-1　　　　　　　　　　预制构件性能检验要求项目表

项　　　目	项　　目			
	承载力	挠度	抗裂	裂缝宽度
要求不出现裂缝的预应力构件	检	检	检	不检
允许出现裂缝的构件	检	检	不检	检
设计成熟、数量较少的大型构件	可不检	检	检	检
设计成熟、数量较少并有可靠实践经验的现场大型异形构件	免检			

2.5.1　构件承载力检验

为了说明结构构件是否满足承载力极限状态要求，应对做承载力检验的构件进行破坏性试验，以判定达到极限状态标志时的承载力试验荷载值。

（1）当按《混凝土结构设计规范》（GB/T 50010—2010，2024 年版）的规定进行允许值检验时，应满足式（2-1）要求：

$$\gamma_u^0 \geqslant \gamma_0[\gamma_u]$$

或

$$S_u^0 \geqslant \gamma_0[\gamma_u]S \qquad (2-1)$$

式中　γ_u^0——构件的承载力检验系数实测值［即承载力检验荷载实测值与承载力检验荷

载设计值（均含自重）的比值，或表示为承载力荷载效应实测值 S 与承载力检验荷载效应设计值 S_u^0（均含自重）之比值]；

γ_0——结构构件的重要性系数，按设计要求确定，当无专门要求时取 1.0；

$[\gamma_u]$——构件的承载力检验系数允许值，与构件受力状态有关，按表 2-2 采用。

表 2-2　　　　　　　　　　　　　承载力检验系数允许值

受力情况	达到承载能力极限状态的检验标志		$[\gamma_u]$
轴心受拉、偏心受拉、受弯、大偏心受压	受拉主筋处的最大裂缝宽度达到 1.5mm，或挠度达到跨度的 1/50	热轧钢筋	1.20
		钢丝、钢绞线、热处理钢筋	1.35
	受压区混凝土破坏	热轧钢筋	1.30
		钢丝、钢绞线、热处理钢筋	1.45
	受拉主筋拉断		1.50
受弯构件的受剪	腹部斜裂缝达到 1.5mm，或斜裂缝末端受压混凝土剪压破坏		1.40
	沿斜截面混凝土斜压破坏，受拉主筋在末端在端部滑脱或其他锚固破坏		1.55
轴心受压、小偏心受压	混凝土受压破坏		1.50

（2）当按构件实配钢筋的承载力进行检验时，应满足下式要求：

$$\gamma_u^0 \geqslant \gamma_0 \eta [\gamma_u]$$

或　　　　　　　　　　　$$S_u^0 \geqslant \gamma_0 \eta [\gamma_u] S \tag{2-2}$$

式中　η——构件的承载力检验修正系数，根据《混凝土结构设计规范》（GB/T 50010—2010）按实配钢筋的承载力计算确定。

$$\eta = \frac{R(f_c, f_s, A_s^0 \cdots \cdots)}{\gamma_0 S} \tag{2-3}$$

式中　S——荷载效应组合设计值；

$R(\cdot)$——根据实配钢筋面积 A_s^0 确定的构件承载力计算值，应按钢筋混凝土结构设计规范有关承载力计算公式的右边项进行计算。

（3）承载力极限标志。结构承载力的检验荷载实测值是根据各类结构达到各自承载力检验标志时作出的。结构构件达到或超过承载力极限状态的标志，主要取决于结构受力状况、受力钢筋的种类和观察到的承载力检验标志。

1）轴心受拉、偏心受拉、受弯、大偏心受压构件。当采用有明显屈服点的热轧钢筋时，处于正常配筋的上列构件，其极限标志通常是受拉主筋首先达到屈服，进而受拉主筋处的裂缝宽度达到 1.5mm，或挠度达到 1/50 的跨度。对超筋受弯构件，受压区混凝土破坏比受拉钢筋屈服早，此时最大裂缝宽度小于 1.5mm，挠度也小于 $l/50$（l 为跨度），因此受压区混凝土压坏便是构件破坏的标志。在少筋的受弯构件中，则可能出现混凝土一开裂钢筋即被拉断的情况，此时受拉主筋被拉断是构件破坏的标志。

用无屈服台阶的钢筋、钢丝及钢绞线配筋的构件，受拉主筋拉断或构件挠度达到跨度 l 的 1/50 是主要的极限标志。

2）轴心受压或小偏心受压构件。这类构件主要是柱类构件，当外加荷载达到最大值时，混凝土将被压坏或被劈裂，因此混凝土受压破坏是承载能力的极限标志。

3）受弯构件的剪切破坏。受弯构件的受剪和偏心受压及偏心受拉构件的受剪，其极限标志是腹筋达到屈服，或斜向裂缝宽度达到 1.5mm 或 1.5mm 以上，沿斜截面混凝土斜压或斜拉破坏。

2.5.2 构件的挠度检验

（1）当按混凝土结构设计规范规定的挠度允许值进行检验时，应满足下列要求：

$$a_s^0 \leqslant [a_s] \tag{2-4}$$

$$[a_s] = \frac{M_k}{M_q(\theta - 1) + M_k}[a_f]$$

式中　a_s^0、$[a_s]$——分别为在正常使用短期检验荷载作用下，构件的短期挠度实测值和短期挠度允许值；

　　　　M_k、M_q——分别为按荷载标准组合计算的弯矩值和按荷载准永久组合计算的弯矩值；

　　　　　　θ——考虑荷载长期效应组合对挠度增大的影响系数，按结构规范有关规定采用；

　　　　$[a_f]$——构件的挠度允许值，按结构规范有关规定采用。

（2）当按实配钢筋确定的构件挠度值进行检验，或仅作刚度、抗裂或裂缝宽度检验的构件，应满足下列要求：

$$a_s^0 = 1.2a_s^c，且\ a_s^0 \leqslant [a_s] \tag{2-5}$$

式中　a_s^c——在正常使用的短期检验荷载作用下，按实配钢筋确定的构件短期挠度计算值。

2.5.3 构件的抗裂检验

在正常使用阶段不允许出现裂缝的构件，应对其进行抗裂性检验。构件的抗裂性检验应符合下列要求：

$$\gamma_{cr}^0 \geqslant [\gamma_{cr}] \tag{2-6}$$

$$[\gamma_{cr}] = 0.95 \frac{\gamma f_{tk} + \sigma_{pc}}{\sigma_{ck}}$$

式中　γ_{cr}^0——构件抗裂检验系数实测值，即构件的开裂荷载实测值与正常使用短期检验荷载值之比；

　　　　$[\gamma_{cr}]$——构件的抗裂检验系数允许值，由设计标准图给出；

γ——受压区混凝土塑性影响系数，按《混凝土结构设计规范》有关规定取用；

σ_{ck}——由荷载标准值产生的构件抗拉边缘混凝土法向应力值，按《混凝土结构设计规范》确定；

σ_{pc}——检验时由预加力产生的构件抗拉边缘混凝土法向应力值，按《混凝土结构设计规范》的有关规定取用；

f_{tk}——检验时混凝土抗拉强度标准值。

2.5.4　构件裂缝宽度检验

对正常使用阶段允许出现裂缝的构件，应限制其裂缝宽度。构件的裂缝宽度应满足下列要求：

$$w_{s,max}^0 \leqslant [w_{max}] \tag{2-7}$$

式中　$w_{s,max}^0$——在正常使用短期检验荷载作用下，受拉主筋处最大裂缝宽度的实测值；

　　　$[w_{max}]$——构件检验的最大裂缝宽度允许值，见表 2-3。

表 2-3　　　　　　　　　　　最大裂缝宽度允许值

设计要求的最大裂缝宽度允许值	0.2	0.3	0.4
$[w_{max}]$	0.15	0.20	0.25

2.5.5　构件结构性能检验

根据结构性能检验的要求，对被检验的构件，应按表 2-4 所列项目和标准进行性能检验，并按下列规定进行评定：

表 2-4　　　　　　　　　　　复试抽样在检条件

检验项目	标准要求	二次抽样检验指标	相对放宽
承载力	$\gamma_0[\gamma_u]$	$0.95\,\gamma_0[\gamma_u]$	5%
挠度	$[a_s]$	$1.10[a_s]$	10%
抗裂	$[\gamma_{cr}]$	$0.95[\gamma_{cr}]$	5%
裂缝宽度	$[w_{max}]$	—	0

（1）当结构性能检验的全部检验结果均符合表 2-4 规定的标准要求时，该批构件的结构性能应评为合格。

（2）当第一次构件的检验结果不能全部符合表 2-4 的标准要求，但能符合第二次检验要求时，可再抽取两个试件进行检验。第二次检验时，对承载力和抗裂检验要求降低 5%；对挠度检验提高 10%；对裂缝宽度不允许再做第二次抽样，因为原规定已较松，且可能的放松值就在观察误差范围之内。

（3）对第二次抽取的第一个试件检验时，若都能满足标准要求，则可直接评为合格。若不能满足标准要求，但又能满足第二次检验指标时，则应继续对第二次抽取的另一个试件进行检验，检验结果只要满足第二次检验的要求，该批构件的结构性能仍可评为合格。

应该指出，对每一个试件，均应完整地取得三项检验指标。只有三项指标均合格时，该批构件的性能才能评为合格。在任何情况下，只要出现低于第二次抽样检验指标的情况，即判为不合格。

第3章

工程结构动载试验技术

3.1 引言

3.1.1 动力检测与评定基本原理

土木工程结构的动力特性，如自振频率、振型和阻尼系数或阻尼比等，是结构本身的固有参数，它们取决于结构的组成形式、刚度质量分布、材料性质、构造连接等。自振频率及相应的振型虽然可由结构动力学原理计算得到，但由于实际结构的组成连接和材料性质等因素经过简化计算得出的理论数值往往会有一定误差，而阻尼则一般只能通过试验来测定，因此采用试验手段研究结构的动力特性具有重要的实际意义。

n 个自由度的结构体系的振动方程如下：

$$[M]\{\ddot{y}(t)\} + [C]\{\dot{y}(t)\} + [K]\{y(t)\} = \{p(t)\} \tag{3-1}$$

式中 $[M]$、$[C]$、$[K]$——结构的总体质量矩阵、阻尼矩阵、刚度矩阵，均为 n 维矩阵；

$\{p(t)\}$——外部作用力的 n 维随机过程列阵；

$\{y(t)\}$——位移响应的 n 维随机过程列阵；

$\{\dot{y}(t)\}$——速度响应的 n 维随机过程列阵；

$\{\ddot{y}(t)\}$——加速度响应的 n 维随机过程列阵。

表征结构动力特性的主要参数是结构的自振频率 f（其倒数即自振周期 T）、振型 $Y(i)$ 和阻尼比 ξ，这些数值在结构动力计算中经常用到。任何结构都可看作是由刚度、质量、阻尼矩阵（统称结构参数）构成的动力学系统，结构一旦出现破损，结构参数也随之变化，从而导致系统频响函数和模态参数的改变，这种改变可视为结构破损发生的标志。这样，可利用结构破损前后的测试动态数据来诊断结构的损伤，进而提出修复方案。近年来发展起来的"结构损伤诊断"技术就是这样一种方法，其最大优点是将导致结构振动的外界因素作为激励源，诊断过程不影响结构的正常使用，能方便地完成结构损伤的在线监测与诊断。

从传感器测试设备到相应的信号处理软件，振动模态测量方法已有几十年发展历史，积累了丰富的经验，振动模态测量尤其在桥梁损伤检测领域发展很快。随着动态测试、信号处理、计算机辅助试验技术的提高，结构的振动信息可以在桥梁运营过程中利用环境激振来监测，并可得到比较精确的结构动态特性（如频响函数、模态参数等）。目前，许多国家在一些已建和在建桥梁上安装了基于动力监测的桥梁健康监测系统，进行了积极有效的探索。

3.1.2 相关技术标准

混凝土建筑与桥梁结构的动力检测与评定相关标准主要有：
(1)《混凝土结构现场检测技术标准》（GB/T 50784—2013）；
(2)《混凝土结构试验方法标准》（GB/T 50152—2012）；
(3)《建筑结构检测技术标准》（GB/T 50344—2019）；
(4)《建筑工程容许振动标准》（GB 50868—2013）；
(5)《建筑与桥梁结构监测技术规范》（GB 50982—2014）；
(6)《公路桥梁承载能力检测评定规程》（JTG/T J21—2011）；
(7)《公路桥梁技术状况评定标准》（JTG/T H21—2011）。

这些标准、规程主要针对混凝土结构动力检测的内容、一般方法（含仪器设备的选取、测点布置、激振方法、数据处理等）、检测注意事项与要求，以及结构动力性能评定给出了相应的规范条文与说明。

3.1.3 动力检测的内容

大跨结构、高耸结构等由于自振频率较低，受振动影响显著。还有部分结构由于使用功能的原因，对振动影响有更高的要求，需要通过动载测试确定振动影响程度，便于采取相应措施。获得结构在任意动荷载作用下随时间而变化的响应方法主要有理论计算和试验测量。显然试验测量是最为直接，最为接近于实际结果的有效方法。工程结构动载检测一般包括两方面的内容：
(1)结构动力特性的测定，包括结构的自振频率、阻尼和振型等参数；
(2)结构在动荷载作用下的动力反应的测定，即结构在动荷载作用下的动挠度和冲击系数等。

3.2 动载试验的准备与现场组织

3.2.1 所需仪器的标定

标定工作在整个测振过程中极为重要。任何一次实验在使用单台或整套仪器系统时都要进行标定工作，常用的标定方法有绝对标定法和相对标定法、分部标定法和系统标定法，实际工作中测量仪器一般以系统标定居多，故这里仅介绍系统标定的内容和方法。

1. 标定内容

标定的内容比较多，仪器出厂时提供的各种性能指标一般都是厂家经过标定达到的，用户在使用中主要有灵敏度、频率响应、线性度三方面指标要标定。把传感器安装在振动台上，仪器按正常工作状态就可以做系统标定。

（1）灵敏度。一套好的测振仪器，在它的频响范围内，整个系统的灵敏度应该是一个常数。仪器系统的灵敏度为输出信号与相应输入信号的比值，如系统输出分析以电压表示，则位移计、速度计与加速度计的灵敏度分别为：

$$S_d = U/d \, (\mathrm{mv/mm})$$
$$S_v = U/v \, [\mathrm{mV}/(\mathrm{cm \cdot s^{-1}})]$$
$$S_a = U/a \, [\mathrm{mV}/(\mathrm{cm \cdot s^{-2}})]$$

式中　d、v、a——输入位移量、速度值和加速度值；

　　　　U——输出电压。

仪器灵敏度的标定频率应取其频响曲线的平台范围内，并标定三次以上，取平均值。

（2）频率响应。频率响应包括频幅特性和相频特性，用得较多的是幅频特性。幅频特性的标定是确定仪器的灵敏度随频率而变化的规律，标定时，固定振动台的输入幅值而只改变频率，可测出各工作频率时仪器的输出量。在记录图上读出不同频率的输出振幅，并除以标定的输入幅值，则可得到不同频率时的灵敏度。用灵敏度作为纵坐标，标定频率作为横坐标，即可得到幅频特性曲线。根据曲线可确定仪器的使用频率范围，即可测频率范围。

（3）线性度。线性度是表示在一定的频率下仪器灵敏度随输入信号幅值大小而变化的规律，标定时使振动台的标定频率为一定值，而改变其输入幅值并测出仪器的输出幅值。以输入量为横坐标、输出量为纵坐标做出线性度曲线，由此曲线可确定仪器的线性动态范围，即可测幅值范围。测振仪器应由国家认定的有资质的计量部门定期进行标定校准，测试仪器应在校准有效期内使用，有效期内发现仪器失准应立即停止使用，并对已测的数据进行校验。

2. 标定方法

（1）振动台标定。试验室振动台系统标定是把选定的传感器、放大器和记录仪连接好，标定整套系统的灵敏度、频响特性和线性度。标定工作如图 3-1 所示。

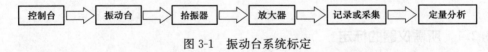

图 3-1　振动台系统标定

系统标定的准备工作要做细做好，所有仪器的编号、通道、衰减档等都要一一记录清楚，然后以振动台的信号做输入信号记录下来。根据不同的使用要求，相应不同的档位量级都要标定。实测回来后按实际使用情况最后再标定一次。

（2）非振动台标定法。在没有振动台的情况下，标定有时也采用背靠背标定法，把一个性能指标已知且精度更高一级的传感器和要求标定的传感器背靠背安装在某个振动构件上。当构件振动时，同一测试系统同时测出该振动信号，找出要求标定的传感器和标准传感器之间的比例关系，确定整个测试系统的灵敏度等。但这种方法不能标定测试仪器系统的幅频特性。

（3）现场标定法。采用参考点标定法，在现场做系统标定。具体方法是：把多个传感器集中在某个参考点上一起测量，可以得到整个测振系统各通道信号之间的相互关系。这对测量振型特别有用，而且相当方便，是实际工作中常用的方法。

现场标定法和背靠背标定法特别适合于一些经常用的测试仪器的系统标定，因为一般传感器一经制成，其幅频特性和相频特性就不会再出现大的变化，而真正要关注的往往只是每次测试时仪器系统各通道之间相对灵敏度等指标。

标定工作的好坏，直接影响测振试验的成败，一次实验在现场做起来往往比较快，大量工作用在准备、标定和数据分析上。此外，不同精度的标定设备对结果有影响，一般视试验本身内容和重要性而定。

3.2.2 试验现场组织

1. 传感器的选用

振动测量系统难免会有一些外界的干扰信号，如果测试信号的数量级太小，其真实的振动信号就会被噪声所淹没，直接影响测试的准确性。即使应用性噪比很高的仪器，有时也难免因这些误差的出现而影响测试，因此根据测试要求合理地选用传感器就显得尤为重要。根据测试振动信号物理量的不同，用于工程结构振动测试的传感器可分为位移传感器、速度传感器和加速度传感器。

表 3-1 给出了位移、速度和加速度三个物理量振动幅值之间的关系。从表 3-1 中可以看出，在振动位移相同的条件下，随着振动频率的增加，振动速度和加速度也随之增加；与之相反的是，在振动加速度相同的情况下，随着振动频率的增加，振动位移和速度都随之减少。可见，位移可以用来控制低频振动信号的物理指标，加速度则可以用来控制高频振动信号的物理指标，而振动速度可以用来控制 $2\sim20\text{Hz}$ 附近的中频振动最为适宜，在适当的频率区间，振动速度振动可以兼顾到高、低频的振动测试。

表 3-1 位移、速度与加速度三个振动物理量的关系

名称	一般表达式	位移基准	速度基准	加速度基准
振动位移	$d = D\sin(\omega t)$	D	V/ω	A/ω^2
振动速度	$v = V\sin(\omega t)$	ωD	V	A/ω
振动加速度	$a = A\sin(\omega t)$	$\omega^2 D$	ωV	A

因此，对于低频段信号，大位移振动测试宜采用位移传感器。特别是对于 1Hz 以下的振动，振动加速度幅值往往比较小，如果用加速度传感器测试，噪声信号容易掩盖真实的振动信号，并且测试信号会出现严重的"零点漂移"现象，从而产生较大的测试误差。因此，《建筑工程容许振动标准》（GB 50868—2013）中明确规定：当测试振动信号

频率范围低于 1Hz 时，应采用位移或速度传感器。而对于高频振动信号，例如 10Hz 以上的振动信号，位移和速度振幅往往较小，信号较弱，宜采用加速度传感器来测试。

2. 传感器的布置原则

布置测振传感器时应考虑下列要求：

（1）测定结构动力特性时，传感器安装的位置应能反映结构的动力特性。

（2）传感器在结构平面内的布置，对于规则结构，以测试平动振动为主，测试时传感器应安置在典型结构层靠近质心位置；对于不规则结构，除测试平动振动外，尚应在典型结构层的平面端部设置传感器，测试结构的扭转振动。

（3）传感器沿结构竖向宜均匀布置，且尽量避开存在人为干扰的位置。

（4）传感器与结构之间要有良好的接触，不应有架空隔热板等隔离层，并应可靠固定。

（5）传感器的灵敏度主轴方向应与测试方向保持一致。

（6）基于环境激励进行结构动力特性测试时，如果传感器数量不足需要进行多次测试，每次测试中应至少保留一个共同的参考点。

现场振动测试保存数据后应及时进行简单的数据处理和分析。如实测结果与预估情况基本一致，则现场测试结束；如实测结果与预估情况相差较大，可能导致不满足测试要求，则需调整仪器设备或测试参数，然后重新进行测试。

3.3　结构动力特性测定方法

结构动力特性参数，也称作自振特性参数和振动模态参数，主要包括结构的自振频率（周期）、阻尼比和振型等，这些参数都是由结构形式、建筑材料性能等结构所固有的特性所决定的，与外荷载无关。

传统的结构动力学方法是从结构设计图纸出发，根据力学原理建立结构的数学模型，然后由已知振源（输入力或运动）去求所需的动态响应。这种方法至少面临两方面的难题：一是无法获得真实的阻尼系数，只能凭借假定设置；二是计算图式和设计图式与实际结构之间的差异。振动实验已经发展起来的参数与识别模态分析技术，可有效克服理论计算的不足。它的基本做法是利用已知（或未知）输入对结构激振，用仪器测得结构的输出响应，然后通过输入、输出关系求取结构的数学模型，这种方法更接近于结构的实际情况。

3.3.1　结构动力特性参数

如图 3-2 所示，一根在自由端作用一集中质量为 m 的悬臂梁，假定只考虑 y 方向的自由度，并不计梁自重，$m\ddot{y}$ 表示惯性力，$c\dot{y}$ 表示阻尼力，ky 表示弹簧力，$p(t)$ 表示外作用力。对于这个典型的单自由度振动体系，它的运动微分方程为：

$$m\ddot{y} + c\dot{y} + ky = p(t) \tag{3-2}$$

体系的自由振动方程的解可写成

$$y = Ae^{-\xi\omega t}\sin(\sqrt{1-\xi}\,\omega_\mathrm{d}t + \phi) \tag{3-3}$$

1. 自振频率和周期

自振频率是自振特性参数中最重要的概念，在物理上指单位时间内完成振动的次数，通常用 f 表示，单位为赫兹（Hz）；也可以用圆频率 $\omega = 2\pi f$ 表示。

图 3-2 所示悬臂梁的自振频率为：

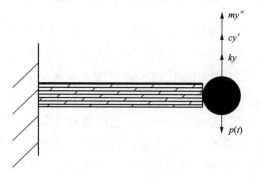

图 3-2　悬臂梁例

$$f = \frac{1}{T} = \frac{1}{2\pi}\sqrt{\frac{k}{m}} \tag{3-4}$$

式中　k——悬臂梁结构的刚度；

m——梁端部的集中质量。

可见结构的自振频率只与结构的刚度和质量有关，且与刚度成正比，与质量成反比。对多自由度情况，以上关系也同样存在，一般每个自由度都对应一个自由自振频率，通常把多个频率按数值从小到大排列成 1 阶（基本频率）、2 阶、n 阶频率。

2. 阻尼

阻尼是存在结构中消耗结构振动能量的一种物理作用，它对结构抵抗振动是有利的。结构工程上假定阻尼属黏滞阻尼，与结构振动速度成正比，习惯以一个无量纲的系数 ξ 来表示阻尼的量值大小。阻尼比 ξ 定义为阻尼系数 c 与临界阻尼 $c_\mathrm{c} = 2m\omega$ 的比值，即

$$\xi = \frac{c}{c_\mathrm{c}} = \frac{c}{2m\omega} = \frac{c}{2\sqrt{mk}} \tag{3-5}$$

阻尼比是一个试验值，在多自由度振动体系中，对应每一个模态都有一个阻尼比。

3. 振型

结构的振型是结构对应于各阶固有频率的振动形式，一个振动系统振型的数目与其自由度数目相等。结构动力学认为，对应每一个固定频率，结构都有且只有一个主振型。一般情况下，结构线性微幅振动时，其可能的自由振型都是无数个主振型叠加的结果。

采用共振法测定振型时，将若干传感器安装在结构各有关部位。当激振装置激发结构共振时，同时记录结构各部分的振幅和相位，通过比较各测点的振幅及相位便可绘出振型曲线。

传感器的测点布置视结构形式而定，一般要先根据理论分析，估计振型的大致形状，然后在变位较大的部位布点，以便能较好地连接出振型曲线。

3.3.2 结构自振特性参数测定

测定结构自振特性参数的方法主要有自由振动衰减法、强迫振动法和环境随机振动法等，原则上任意一种方法都可以测得各种自振特性参数。

从结构测试技术的发展上来看，自由振动法和强迫振动法是使用得比较早的方法，这两种方法得到的数据结果往往简单直观，容易处理。环境随机振动法是一种建立在概率统计方法上的技术，它以现场测试简单和数据后续处理计算机化的优势进入结构振动测试领域。随着计算机技术的迅速发展以及随机振动试验数据分析设备和软件的广为普及，原则上自由振动和强迫振动法得到实验数据也都可以用计算机技术去处理分析，因此这三种方法的区别，实际上只剩下振动方法或有无激励的区别。

1. 自由振动衰减法

赋予结构一个初位移或初速度使结构产生振动，因结构的自振特性只与它本身的刚度、质量和材料等固有属性有关，故无论施加何种方式的力、初位移或初速度的大小（当然在结构受力允许的条件下）都没有关系，只要求能够激起结构的振动并能够测得结构自由振动衰减曲线，通过对曲线的分析处理可以得到一些自振特性参数。自由振动衰减法的实测框图如图 3-3 所示。

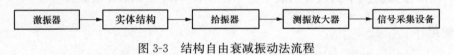

图 3-3　结构自由衰减振动法流程

能够使结构产生自由振动的方法有很多，如前面介绍的惯性力加载——突然加载、突然释放、跳车等都可以做到（只要求给结构一个瞬态激励力）。这类方法比较灵活，实际中往往根据不同的要求灵活采用。

现场测试前，测试仪器要事先调好，特别是放大器的衰减挡要调节妥当，以保障能够记录到完整的瞬态响应信号。此外，同样工况一般要重复几次，以利分析。由图 3-4 结构自由振动衰减曲线可以得到。

结构自振频率：

$$f = \frac{1}{T} \tag{3-6}$$

阻尼比：

$$\xi = \frac{1}{2\pi} \ln \frac{x_n}{x_{n+1}} \tag{3-7}$$

阻尼系数：

$$c = 2m\omega\xi \tag{3-8}$$

式中　ξ——阻尼比；

　　　c——阻尼系数；

$x_n(x_{n+1})$——第 $n(n+1)$ 个波峰幅值；

ω——圆频率。

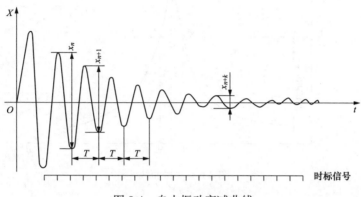

图 3-4　自由振动衰减曲线

自由振动衰减法的优点是激励形式多样，比较容易实现，对于一些只要求得到结构基本频率的测试是很方便的，对测试仪器的要求也不高，所得到的基频对应的阻尼比也比较准确，如要获得高阶自振特性参数，需要有合适的激励点或用后面将要提到的随机振动法中的信号分析手段。

2. 强迫振动法（共振法）

结构强迫振动法通常是利用激振器对结构进行连续正弦扫描，根据共振效应，当扫描频率与结构某一固有频率相一致时，结构振幅会明显增大，用仪器测出这一过程，绘出频率——幅值曲线（共振曲线），通过曲线可以得到结构的自振特性参数。强迫振动法的实测框图如图 3-5 所示。

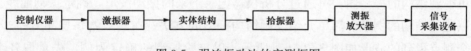

图 3-5　强迫振动法的实测框图

所谓扫描激振，是指用正弦信号控制激振器在一定频率范围内进行扫描，理论上控制信号也可以不是正弦波，而用其他周期波或随机波。但这只适用于模型振动实验，实体结构上因其需用庞大的机械式激振器进行激励，非周期信号不容易实现。

实体结构强迫振动实施过程中有些技术问题必须注意：

（1）选择合适的激振点，激振点应避开节点的理论振型的极值位置附近。

（2）适当、牢固地安装激振器。

（3）扫描时可先粗略扫一遍，在输出变化明显增大处再分段仔细扫描，找准共振频率；要注意共振峰值附近的能量变化，既要加密点数，又要提高记录速度。

（4）共振曲线只能是同一次测量中数据点绘制而成。

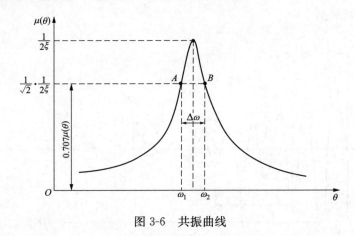

图3-6　共振曲线

共振曲线的峰值在横坐标上的对应值是结构的自振频率，纵坐标为实测振幅除以激振器圆频率的平方，如图3-6所示，在共振曲线峰值的0.707倍处，作一条平行于频率轴的直线与曲线交两点，这两点对应的横坐标上的频率差为 $\Delta\omega = \omega_2 - \omega_1$ 据此可求出阻尼比：

$$\xi = \frac{\omega_2 - \omega_1}{2\omega} = \frac{\Delta\omega}{2\omega} \tag{3-9}$$

这个方法称为半功率带宽法，是目前最常用的求结构阻尼的方法，一般认为，对各阶频率靠得不是很近的情况，用此法求得阻尼结构精度比较高。

强迫振动法在测频率、阻尼的同时，还可以对结构的振型进行测量，当结构在某一振动频率上产生共振时，总对应着一个主振型，此时可将若干个测振传感器沿结构的高度或跨度方向连续布置（至少5个），当结构自由振动或共振时，同时记录下结构各部位的振动情况，通过比较各点的振幅和相位，并将各测点同一时刻的位移值连接成一条曲线，即可得到结构的振型图。可通过分析仪器记录下来的振动波形，确定振动曲线。

现以建筑结构的例子，简单介绍绘制结构振型的方法。在建筑物每层布置一个测点，其中6个测点得到的波形如图3-7（b）所示，以二阶振型的确定为例，先量取各个测点的幅值 A_i，并把它们按 $\frac{A_i}{A_{max}}$ 归一化处理，如图3-7（c）的标注，图中二阶阵型 $A_{max} = A_1$，将每一个测点 A_i 除以 A_1，接着以 A_1 点为基准点判断其他5个测点与它的相位差，波形同方向 $\left(0 \sim \frac{\pi}{2}\right)$ 为同相位，反方向 $\left(\frac{\pi}{2} \sim \pi\right)$ 为反相位，居两者间的是节点附近点。图3-7（d）为按上述方法绘制简单的二阶振型。

振型测量有以下几个技术问题要注意：

（1）合理布置测点。事先须了解理论振型，测点数目要足以连接曲线并尽可能布在控制断面上。由于每次实验用的传感器数量总是有限的，所以要在结构上，选择合适的参考点（将一个传感器放在参考点上始终不动），分批搬动其他传感器到所有测点。

（2）现场标定。因为振型是考虑同一时刻波形的振幅和相位差得到的，所以测量前要把测振仪器放在参考点上标点。

（3）确定振型。利用各通道的系统灵敏度，把实测得到的幅值关系算出来并归一化处理，得到最大坐标值是"1"的振型曲线。

强迫共振法的优点是方法可靠，激出来的振动特性参数精度比较高，对实体结构来说，它最大的缺点是激振设备和机械庞大安装费时费力，所以国内结构振动试验中极少使用。

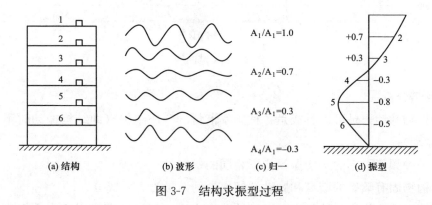

(a) 结构　　　(b) 波形　　　(c) 归一　　　(d) 振型

图 3-7　结构求振型过程

3. 脉动法

人们在试验观测中发现，结构物由于受外界环境的干扰而经常处于微小而不规则的振动之中，其振幅一般在 $0.01mm$ 以下，这种环境随机振动称之为脉动。

脉动法是利用被测结构所处环境的微小而不规则的振动来确定结构的动力特性的方法。该法的最大优点是不用专门的激振设备。简便易行，且不受结构物大小的限制。

结构的脉动具有一个重要特性就是它能够明确地反映出结构的固有频率，因为结构的脉动是因外界不规则的干扰所引起的，具有各种频率成分，而结构的固有频率是脉动的主要成分，在脉动图上可以较为明显地反映出来。通常图中振幅呈现有规律的增减现象。凡振幅大、波形光滑之处频率都相等，而且多次重复出现，此频率即为结构的基频。

测试时采用测振传感器测量地面自由场的脉动源和结构的脉动反应，将获得的波形进行频谱分析（FFT，时域向频域的转换），可得到结构的动力特性。频谱曲线上的每一个峰值对应于结构的一阶固有频率，从小到大依次为一阶、二阶和三阶，如图 3-8 为某16m 预应力混凝土空心板梁前三阶竖向固有频率测试结果。

（1）主谐量法。结构固有频率的谐量是脉动里的主要成分，当脉动信号频率与结构自振频率接近时信号被放大，因此在脉动图上，凡是振幅最大，波形最光滑的地方总是多次重复出现，如果结构物各部位各有同一频率处的相位和振幅符合振型规律，该频率即为结构物的固有频率。

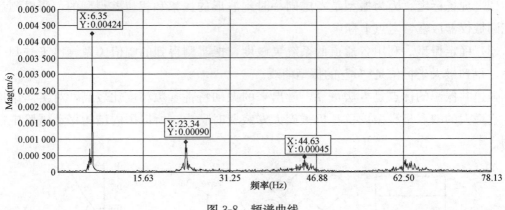

图 3-8 频谱曲线

（2）频谱分析。

1）结构物脉动记录可以看成是各种频率谐量的合成结果（即结构振动时不只是以单一的频率振动）；

2）每一种频率引起的结构振幅是不相同的；

3）结构物固有频率的谐量和脉动源频率处的谐量为主要成分；

4）用傅里叶变化将各种频率的正弦波分离出来，每一种频率对应一个振幅，对应振幅最大的频率即为结构的自振频率。

图 3-9 和 3-10 分别为某高耸输电塔在断线冲击荷载作用下塔顶的加速度时间历程曲线与自功率谱密度幅值。

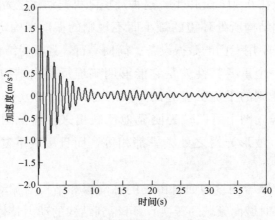

图 3-9 时域图—时程曲线

3.3.3 基于振动频率法的斜拉索索力检测

斜拉索是斜拉桥的主要受力构件之一，索力大小直接关系到斜拉桥上部结构的受力与线形状态。拉索的工作状态是衡量斜拉桥是否处于正常运营状态的重要标志，因此准确估计拉索索力具有重要的实际意义。目前工程上测定拉索索力的方法主要有以下几种：

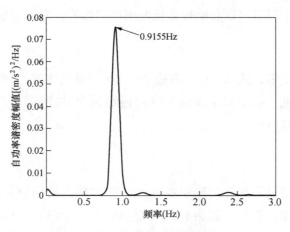

图 3-10 频域图—功率谱密度

（1）千斤顶油压法，直接利用千斤顶油压表读取；

（2）测力传感器法，通过安装在锚头和锚座之间的测力传感器读取；

（3）振动频率法，应用振动测试手段，得到拉索横向振动频率，然后再通过计算得到。

前两种方法都能直接测出拉索索力，但都有局限性：方法（1）主要适用于施工安装过程，且存在传感器长期观测的稳定性问题；方法（1）与方法（2）应用到服役斜拉索索力测试往往成本较高，且费工费时；方法（3）基于弦振动理论假设，采用环境振动法测试得到的拉索频率确定拉索索力，具有快速、方便、经济等特点，更适合进行现场测试。

1. 振动频率法索力测定的基本原理

根据弦振动理论，张紧的斜拉索动力平衡方程为：

$$m \cdot \frac{\partial^2 y}{\partial t^2} + EI \cdot \frac{\partial^4 y}{\partial x^4} - T \cdot \frac{\partial^2 y}{\partial x^2} = 0 \tag{3-10}$$

式中　x——沿拉索方向的纵向坐标；

　　　y——垂直于索长方向的横向坐标；

　　　t——时间；

　　　m——拉索单位长度的质量；

　　　T——拉索的轴向力；

　　EI——拉索的抗弯刚度。

如果拉索的两端视为铰接，式（3-10）方程的解为：

$$T = \frac{4ml^2 f_n^2}{n^2} - \frac{\pi^2 EI n^2}{l^2} \tag{3-11}$$

式中　f_n——索的第 n 阶频率；

　　　l——索长；

　　　n——拉索的模态阶次。

当拉索长细比较大时，可以忽略拉索抗弯刚度的影响，索力表达式可以简化为：

$$T = \frac{4ml^2 f_n^2}{n^2} \tag{3-12}$$

对于某一根确定的索，式（3-12）右边的 m、l 都是已知值，只要能精确测得 f_n，就可以得到索力 T。因此，精确测定拉索的横向振动频率是能够利用振动方法得到拉索索力的第一步，也是关键所在。

2. 拉索频率测试

拉索频率的测试可以采用环境随机振动法，相对桥梁结构整体环境随机振动测试来说拉索的测试比较简单、容易，因为它只需要测频率一个参数，所用仪器和实桥环境随机振动法也基本一致。主要注意事项有以下几个方面：合理选择传感器，对各种不同拉索的振动，要估计它们的频率，选择频响特性合适的传感器；测试时，事先应解除阻尼装置，然后将传感器固定在拉索上；无须对拉索进行任何激励，通过测量拉索的横向随机振动信号，而后进行谱分析。

3. 索力确定

根据拉索索力测定原理，确定索力的方法与拉索的约束条件等有关，从式（3-11）可以看出，对较长的索而言，频率的测试精度要求很高，抗弯刚度的影响较小；对较短的拉索来说，则对计算索长的确定比较严格。因此，对较长的索可以直接采用式（3-12）计算索力，实际误差完全可以接受；对较短索的索力确定要考虑其他因素，索力测定的误差相对大一些。

3.4 结构动力反应测定方法

结构动力反应的测定内容，主要是结构在动荷载（如车辆、地震力和台风等）作用下的动力参数（如动应力、动挠度、加速度、冲击系数等）。从测试技术的角度看，测定结构动力反应参数，就是在自振特性测试方法的基础上，进一步对所测信号的时程曲线，及其峰值大小做出定量分析。如车辆动荷载试验中，可以实测桥梁结构的动应变、动挠度值，并由此确定桥梁结构动态增量等，还能够通过动载试验的数据结果对结构自振特性分析。又比如在自振特性测试前，将所用仪器测试系统的灵敏度做必要的标定，那么由该系统所测的信号，就可以确定加速度或幅值的大小。

3.4.1 动应力测定

用动态电阻应变仪配合高速记录仪（磁带记录仪或计算机）测试记录动态应变。测量要求：

（1）选用疲劳寿命长的应变片；

（2）选用小标距应变片用以进行高频测量；

（3）连接应变片的导线捆扎成束，消除电容；

（4）仪器的工作频率范围大于被测动应变信号频率；

（5）若测试时间较长，试验前后要对仪器进行标定。

3.4.2 动挠度（位移）测定

动力荷载作用下结构上产生的动挠度，一般较同样的静荷载所产生的相应静挠度要大，且挠度值是时间的函数，无法直接确定。在动力荷载作用下结构某些部位的振动参数的测定可根据试验的具体要求和结构的形式，在结构控制断面或在有特殊生产工艺要求的位置布置挠度测点，采用适当的仪表（如光电挠度仪）进行测试。

3.4.3 冲击系数测定

动挠度与静挠度的比值称为活荷载的冲击系数（$1+\mu$）。由于挠度反映了桥跨结构的整体变形，是衡量结构刚度的主要指标，活载冲击系数综合反映了荷载对桥梁的动力作用，它与结构的形式、车辆的运行速度和桥面的平整度等有关。

为了测定冲击系数，先使移动荷载以最慢的速度驶过结构，测得结构的最大静挠度，然后使移动荷载按某种速度驶过，测得各种速度驶过结构的最大动挠度，从中找出各速度的最大挠度（见图 3-11）。并逐次记录跨中挠度的时历曲线，按冲击系数的定义有：

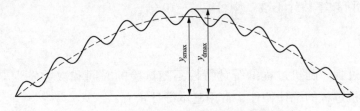

图 3-11 移动荷载作用下结构的变形曲线

$$1+\mu=\frac{Y_{\mathrm{dmax}}}{Y_{\mathrm{smax}}} \tag{3-13}$$

式中　$1+\mu$——冲击系数；

Y_{dmax} Y_{smax}——最大动挠度值；

Y_{smax} Y_{smax}——最大静挠度值。

3.5 动载试验结果分析与评定

结构动力特性和动力响应影响分析与评价的目的在于验证理论计算，为工程结构的设计积累技术资料或通过分析结构的振动现象，寻找减少振动的途径，因此进行动力性能测试已成为结构监测的重要内容。

3.5.1 数据分析方法

在结构振动中，较为常见的振动信号类型包括周期振动、随机振动、瞬态振动。不同的振动信号分析方法也各有不同。

（1）对于周期振动信号，振动信号非常有规律，在时域和频域内都可以通过幅值和均方根值来描述振动强度。

（2）对于随机振动信号，在时域内没有规律可循，如果振动信号是各态历经的稳态随机过程，那么信号在频率就具有统计意义，此时可以用频域的幅值或均方根值来描述振动强度。

（3）对于瞬态振动信号，由于激振力在瞬时发挥作用，一个冲击周期内，振动过程呈逐步衰减的趋势。瞬态振动在频率上具有较宽的频响范围，通常可以用时域冲击作用来描述振动的强度。

采样是将连续振动信号在时间上的离散化，理论上采样频率越高，所得离散信号就越逼近原信号，但过高的采样频率，对固定长度的信号，采集到过大的数据量，给计算机增加不必要的工作量和存储空间；如果数据量限定，则采样时间过短，会导致一些数据被排斥在外。如采样频率过低，采样点间隔过远，则离散信号不足以反映原有信号波形特性，无法使信号复原，造成频率混叠。根据采样原理，不产生频率混叠的最低采样频率为最高分析频率的 2 倍，结构动力特性测试的采样频率一般可取结构最高阶频率的 3～5 倍，如最高阶频率估计不准，则可取 4～10 倍。

1. 时域分析

各态历经的过程，随机过程的统计特性不随试验的时间和次数发生变化，样本的统计特性可代表随机过程的统计特性。常用基本统计量有：

均值：在时间历程 T 内的振动信号 $x(t)$ 所有值的算术平均值，即

$$\mu_{\mathrm{k}} = \lim_{T \to \infty} \frac{1}{T} \int_0^T x(t) \mathrm{d}t \tag{3-14}$$

均方根：在时间历程 T 内，振动信号 $x(t)$ 平方值的算术平均值，即

$$\psi_{\mathrm{k}}^2 = \lim_{T \to \infty} \frac{1}{T} \int_0^T x^2(t) \mathrm{d}t \tag{3-15}$$

方差：在时间历程 T 内，振动信号 $x(t)$ 偏离均值的平方的平均值，即

$$\sigma_x^2 = \lim_{T \to \infty} \frac{1}{T} \int_0^T \left[x(t) - \mu_{\mathrm{k}} \right]^2 \mathrm{d}t \tag{3-16}$$

概率密度函数：

$$P(x) = \lim_{\Delta x \to \infty} \frac{P\left[x \leqslant x(t) \leqslant (x + \Delta x) \right]}{\Delta x} \tag{3-17}$$

2. 频域分析

结构模态参数的频域识别法，是基于结构传递函数或频率响应（简称频响函数）在频域内识别结构的固有频率、阻尼比和振型等模态参数的方法。频域法的最大优点是利用频域平均技术，最大限度地抑制了噪声影响，使模态定阶问题容易解决。

（1）标定变换。采集得到的振动信号数据首先需要采用快速傅里叶（FFT）变换进行标定变换，使之还原成具有相应物理单位的数字信号数据。由于采集到的振动信号数据可能存在放大器随温度变化产生的零点漂移、传感器频率范围外低频性能的不稳定以及传感器周围的环境干扰等因素，大多都含有一定的趋势项。趋势项的存在，会使时域中的相关分析或频域中的功率谱分析产生很大的误差，甚至使低频谱完全失去真实性，所以必须将其消除。

（2）信号滤波。信号滤波的主要作用有滤除信号中的噪声或虚假成分、提高信噪比、平滑数据、抑制干扰、分离频率等。滤波器按频率范围分类有低通滤波器、高通滤波器、带通滤波器、带阻滤波器和梳状滤波器。按照数学运算方式考虑，数字滤波又分为时域滤波方法和频域滤波方法。

（3）自谱分析、互谱分析、频响函数。自谱分析就是对一个信号进行频谱分析，包括幅值谱、均方值谱、功率谱和功率谱密度等。其中幅值谱反映了频域中各谐波分量的单峰幅值，均方值谱反映了各谐波分量的有效值幅值，功率谱反映了各谐波分量的能量（或称功率），功率谱密度反映了各谐波分量的能量分布情况。

3.5.2 评定方法

结构动力特性与结构性能有直接的关系，因此根据结构自振频率、振型、阻尼比等动力特性的测试结果，可从下列几方面对结构性能进行分析和判断。

（1）结构频率的实测值如果大于理论值，说明结构实际刚度比理论估算值偏大或实际质量比理论估算偏小；反之说明结构实际刚度比理论估算值偏小或实际质量比理论估算值偏大。如结构使用一段时间后自振频率减小，则可能存在开裂或其他不正常现象。

（2）结构振型应当与计算吻合，如果存在明显差异，应分析结构的荷载分布、施工质量或计算模型可能存在的误差，并应分析其影响和应对措施。

（3）结构的阻尼比实测值如果大理论值，说明结构耗散外部输入能量的能力强，振动衰减快；反之说明结构耗散外部输入能量的能力差，振动衰减慢，应判断是否因裂缝等不正常因素所致。

目前，土木结构动载检测评定还没有统一的评价标准，下面仅以《公路桥梁承载能力检测评定规程》（JTG/T J21—2011）规定的部分评定标准为例加以说明：

1. 自振频率评定

桥梁自振频率变化不仅能够反映结构损伤情况，而且还能反映结构整体性能和受力体系的改变。通过测试桥梁自振频率的变化，可以分析桥梁结构性能，评价桥梁工作状况。宜根据实测自振频率 f_{mi} 与理论计算频率 f_{di} 的比值，按表 3-2 的规定确定自振频率评定标度。

表 3-2   桥梁自振频率评定标准

上部结构	下部结构	评定标度
f_{mi}/f_{di}	f_{mi}/f_{di}	
$\geqslant 1.1$	$\geqslant 1.2$	1
[1.00, 1.10)	[1.00, 1.20)	2
[0.90, 1.00)	[0.95, 1.00)	3
[0.75, 0.90)	[0.8, 0.95)	4
<0.75	<0.80	5

2. 拉吊索索力检测评定

拉吊索索力直接反映索结构桥梁持久的内力状况，是评定桥梁承载能力的重要指标。在役桥梁拉吊索索力测量常用 3.3.3 小节介绍的振动频率法，现场检测事先应解除索的阻尼装置。索力偏差率 K_t 可按式（3-18）计算：

$$K_t = \frac{T - T_d}{T_d} \times 100\% \qquad (3-18)$$

式中 T——实测索力值；

　　　　T_d——设计索力值。

若索力偏差率超过 $\pm 10\%$ 时应分析原因，检测其安全系数是否满足相关规范要求，并应在结构检算中加以考虑。

第4章

工程结构试验检测数据整理和分析

4.1 引言

试验采集得到的数据称作数据处理的原始数据。数据处理即为对原始数据进行整理换算、统计分析和归纳演绎，得到能反映结构性能的图像、表格、公式、数值和数学模型等的过程。

例如，由测得的位移计算桥梁的挠度，将电阻应变片测得的应变换算成应力，把位移传感器测得的应变换算成位移，对某一物理量多次测量的原始数据分析得到的平均值即为该物理量相对精确的读数等。在基桩静载试验中，对"荷载－位移"原始数据进行统计分析可以得到基桩的极限承载力，从而得到其承载力特征值等。在动载试验中，由被测结构的变形和荷载的关系可得到该结构的屈服点、延性和恢复力模型等，对动态信号进行变换处理可以得到结构的自振频率等动力特性。

在工程结构试验时采集得到的原始数据量大，并有误差，有时杂乱无章，有时甚至有错误，所以，必须对原始数据进行处理，才能得到可靠的试验结果。

工程结构试验检测数据处理的内容和步骤如下：

(1) 试验检测原始资料整理；

(2) 测试数据的误差分析；

(3) 可疑测试数据的取舍；

(4) 测试数据曲线的绘制；

(5) 测试数据的回归分析。

4.2 试验检测原始资料整理

4.2.1 结构静载试验

结构静载试验准备阶段可细分为7个步骤：调查研究与收集资料；试验大纲或方案制订；试件设计与制作；材料力学性能测定；试验设备与试验场地的准备；试件准备与安装就位和加载设备和测量仪器仪表的安装。

1. 调查研究与收集资料

进行静荷载试验，首先要了解该试验的要求，明确试验目的和任务，确定试验的性质与规模以及试验的形式、数量和种类，以便正确地规划和设计试验。为此，进行调查研究、收集资料是必不可少的。

对科学研究性试验，调查研究主要是面向有关科研单位和情报部门以及必要的设计与施工单位，收集与该试验相关的历史，即以前是否已做过类似试验，以及其试验的方法、数据资料；了解有关的现状，即已有的理论、假设、设计与施工技术水平、技术状况等；还应掌握未来的发展趋势，包括生产、生活和科学技术的发展趋势与要求等。

对生产服务性试验，在接受委托后，要向有关设计、施工、监理和使用单位相关人员进行调查，收集试验对象的设计资料包括计图纸、设计荷载、勘探资料等；施工资料包括施工日志、检测资料、监理资料、隐蔽工程验收记录等；实际使用情况包括使用环境、是否超载、损伤或灾害、试件目前的实际情况等。

2. 试验大纲或方案的制订

进行一项静荷载试验往往是比较复杂的，它可能涉及试件设计与制作、加载设备、加载方法、观测仪器、观测方法、安全措施等。为了保证试验能有条不紊地进行，并能成功地取得预期的试验效果，在调查研究的基础上制订试验大纲或方案是十分必要的。试验大纲一般包含以下内容：

（1）概述。主要介绍试验背景、目的、任务与要求等，并简要介绍调查研究的情况；必要时还应介绍试验所依据的有关标准、规范等。

（2）试件情况。主要介绍所收集的有关试件的技术资料以及目前试件的实际情况，包括试件尺寸、构造、相关的材料参数等。若试件是专为试验设计的书应介绍试件设计的依据及理论分析与计算、试件的规格和数量。制作施工图以及对材料、施工工艺的要求等。

（3）试件安装与就位。包括就位形式（正位、反位，还是卧位）、支承装置、边界条件模拟、侧向稳定的措施、安装就位的方法和用具等。

（4）试验荷载与加载方案。主要介绍最大试验荷载、荷载分级、荷载布置、加载设备选取与布置等。

（5）试验观测方案。主要介绍观测项目内容、测点布置、仪器仪表的选择、标定、观测方法与顺序、相关的补偿措施等。

（6）辅助试验。一般的研究性结构试验，往往需要做一些辅助性试验，主要是材料力学性能试验、探索性小模型、小试件、节点试验等。在大纲中应列出辅助性试验的内容、种类、试验目的与要求、试件数量、尺寸、制作要求以及试验方法等。

（7）安全措施。应介绍人身、试件和仪器设备等的安全防护措施。

（8）试验计划。试验时间进度安排。

（9）人员组织管理。一个静荷载试验，尤其是大型复杂的试验，参加人员众多，牵涉面广，需要严密组织、严格管理。主要包括技术资料、原始记录管理、人员组织与分工、任务落实、工作检查、指挥调度、必要时的技术培训等，对野外现场的试验任务，还包括交通运输、水电安排等。

（10）附录。包括所有仪器、设备、器材清单、数据记录表格、仪器仪表的标定结果报告等。

4.2.2　结构动载试验

动载检测的步骤包括计划与准备、动载测试、分析与评定三个阶段，基本上与静载检测相同。

1. 计划与准备阶段

动载检测计划与准备阶段的工作与静载检测第一阶段的工作类似，主要包括对检测对象的考察、有关资料的收集分析、检测前的理论分析与计算、检测方案的拟订、准备工作的组织与进行。检测方案的内容包括检测目的及技术依据、测试场地的选定与布置、试件的安装与就位、加载方法、测试方法、安全措施、进度计划和附录等。

在加载方面，所加动荷载的状态、数量和作用点等，应根据检测的目的和要求，使测试对象处于最不利的动载工况来确定。如果结构上有可能同时受到几种荷载的作用，可以规定先在单独荷载作用下的各级强度测试，然后再在各种荷载配合作用下进行测试。

2. 动载测试

在测试方面，确定使用的测量系统和安排操作程序，通常包括以下步骤：

（1）估计需要测量的振动类型和振级，判别是周期性振动、随机振动还是冲击型或瞬变型振动。

（2）根据检测目的，确定测试参数和记录分析方式。

（3）考虑环境条件，如电磁场、温度场和声场等各种因素，选择合适的振动换能器类型和传感器种类对环境条件要作详细记录，以便以后的计算分析。

（4）根据仪器可测频率范围。选择仪器，注意频率的上限和下限对传感器、放大器和记录仪的频率特性和相位特性进行认真的考虑和选择。

（5）考虑须测振级和仪器的动态范围，即可测量程的上限和下限，注意在可测频率范围内的量程是常数还是变数。因有些仪器的量程随频率增加而增大，而有的仪器的量程随频率增加而减小，故应该注意避免使仪器在测试过程中过载和饱和。

（6）对测振仪器全套测试系统的特性进行标定，定出标定值。

（7）画出测量系统的工作方框图以及仪器连接草图，标出所用仪器的型号和序号，以便于测试系统的现场安装和查校。

（8）要确定测振传感器最合理的安装方法，安装固定件的结构及估计可能出现的寄生振动。

（9）对于运动荷载（如汽车、拖拉机、吊车等）检测：①必须测量荷载行程的水平（轨道线路、路基等），注明钢轨接头和路基不平的位置，以便计算它们对动荷载的影响。②要考虑能准确地确定荷载的行驶速度和通过建筑物某指定地位的时间的方法，在要求不高的情况下，可以用秒表确定荷载行驶速度。

3. 分析与评定

结构动载性能可从以下三方面进行评定：强度和稳定性，变形，抗裂和裂缝宽度。

（1）强度和稳定性。在静、动载共同作用下，结构的强度应有可靠的保证，实测的应力、位移等均应小于结构设计规范的允许值。对于承受移动荷载的结构，其强度方面安全性的判断主要是确定动力系数，与结构设计规范的允许值进行比较。

（2）变形。在动荷载作用下，结构的变形表现为振幅。结构的振幅不应影响人的身体健康，同时还要满足生产工艺上的要求。

（3）抗裂和裂缝宽度。对于在防止或限制开裂方面有特殊要求的结构物，应该检验振动作用的影响。

4.3 测试数据误差分析

4.3.1 统计分析的概念

统计分析是数据处理时一种常用的方法，可以从很多数据中找到一个或若干个代表值，也可以通过统计分析对试验的误差进行分析。以下介绍常用的统计分析的概念和计算方法。

对试验结果宜进行误差分析，试验直接量测数据的末位数字所代表的计量单位应与所用仪表的最小分度值相对应。

一定数量的同类直接量测结果，统计特征值应按下列公式计算：

（1）平均值

$$\overline{x} = \frac{1}{n} \sum x_i \tag{4-1}$$

（2）标准差

$$s = \sqrt{\frac{\sum_{i=1}^{n} d_i^2}{n-1}} \tag{4-2}$$

（3）变异系数

$$C_v = \frac{s}{\overline{x}} \tag{4-3}$$

式中　x_i——第 i 个量测值；

n——量测的次数。

4.3.2　误差的分类

1. 概念

通常，测量的最终目的是寻求被测参数的真值。但由于仪器、人为、环境等因素，经常导致得到的测试数值和实际的真值存在不完全相等的情况，二者的差值即为测量误差，简称为误差，即

$$\alpha_i = x_i - x \quad (i = 1, 2, 3, \cdots, n) \tag{4-4}$$

式中　　　　　　　　　　x——真值，是客观存在的；

$x_i (i = 1, 2, 3, \cdots, n)$——每次测量所得的值，称之为测试值。

由于测量误差的存在，真值无法测得。由误差理论可知，经过等精度、无穷多次重复测量所得的数据，在剔除粗大误差并尽可能消除和修正了系统误差之后，其测量结果的算术平均值就接近其真值，即被测数据的统计平均值（或数学期望值）接近于真值。

实际试验中，真值无法测试，常用平均值来代表。由于各种主观和客观的原因，任何测试数据不可避免地都包含一定程度的误差。只有了解了试验误差的范围，才有可能正确估价试验所得到的结果。同时，对试验误差进行分析将有助于在试验中控制和减少误差的产生。

2. 分类

根据误差产生的原因和误差的性质，常将其分为三类：过失误差（粗大误差）、系统误差（经常误差）和随机误差（偶然误差）。

（1）过失误差。过失误差主要是由于量测人员粗心大意、操作不当或思想不集中所造成的，例如读错数据、记录错误等。严格地讲，过失误差不能称之为误差，而是由于观测者的过失所产生的错误因此，量测中如果出现很大误差，且与事实有明显不符时，应分析其产生的原因，采取措施以防再次出现。

（2）系统误差。系统误差通常是由于仪器的缺陷、外界因素的影响或观测者感觉器官的不完善等固定原因引起的，难以消除其全部影响。但是系统误差服从一定的规律，符号相同，是对量测结果有积累影响的误差。例如由于电阻应变仪灵敏系数不准确、温度补偿不完善、周围环境湿度的影响引起的仪器的漂移等。在查明产生系统误差的原因后，这种误差一般可以通过仪器校正消除，或通过改善量测方法来避免或消除，也可以在数据处理时对量测结果进行相应的修正。

（3）随机误差。在消除过失误差和系统误差后，量测数据仍然有着微小的差别，这是由于各种随机（偶然）因素所引起的可以避免的误差，其大小和符号各不相同，称为随机误差。例如电压的波动，环境温度、湿度的微小变化，磁场干扰等。

虽然无法掌握每一随机误差发生的规律，但一系列测定值的随机误差服从统计规律，

量测次数越多，则这种规律性越明显。

随机误差具有下列特点：

1）在一定的量测条件下，随机误差的绝对值不会过一定的限度。这说明量测条件决定了每一次量测允许的误差范围。

2）随机误差数值是有规律的，绝对值小的出现机会多，绝对值大的出现机会少。

3）绝对值相等的正负误差出现的机会相同。

4）随机误差在多次量测中具有抵偿性质，即对于同一量进行等精度量测时，随着量测次数的增加，随机误差的算术平均值将逐渐趋于零。因此，多次量测结果的算术平均值更接近真实值。

3. 表示方法

在了解了误差的定义及其产生原因后，下面我们介绍几种误差的表示方法。

（1）绝对误差。绝对误差是用误差绝对值的大小来表示误差和评定实验的精确度。例如测定温度时，如果把标准热电偶测定的结果作为真值，把普通热电偶测定的结果作为测量值，则实验的绝对误差为

$$\Delta = |测量值 - 真值| \tag{4-5}$$

绝对误差虽然重要，但是它不能给出实验精确度的完整概念。在绝对误差数值相等的情况下，实验精度可能存在很大的差别。

（2）相对误差。为了解决绝对误差的上述不足，引入了相对误差的概念。

实验的相对误差等于实验的绝对误差与实验数值的绝对值之比，通常用百分数表示，即

$$相对误差＝（绝对误差/真值的绝对值）\times 100\%$$
$$\approx （绝对误差/测量值的绝对值）\times 100\% \tag{4-6}$$

（3）算术平均误差。绝对误差和相对误差都是指一次实验测定中的误差。对于大量的测定而言，为了更好地表示误差的整体情况，引入了算术平均误差的概念。算术平均误差比较常用，可表示为

$$\delta = \frac{\sum_{i=1}^{n} |\delta_i|}{n} \tag{4-7}$$

或

$$\delta = \frac{\sum_{i=1}^{n} (v_i |\delta_i|)}{n} \tag{4-8}$$

式中　　v_i——$|\delta_i|$ 的频次；

　　　　n——观测次数。

（4）标准误差。为了更好地表示误差的统计学特性，引入了标准误差这一误差表示

方法。标准误差又称为均方根误差。当测量次数 n 为无限大时，表达式为

$$\sigma = \sqrt{\dfrac{\sum\limits_{i=1}^{n}\delta_i^2}{n}} \tag{4-9}$$

或

$$\delta = \sqrt{\dfrac{\sum\limits_{i=1}^{n}(v_i\delta_i^2)}{n}} \tag{4-10}$$

在实际测量中，由于测量次数 n 总是有限的，而且真值也不可知，标准误差 σ 的实际处理只能进行估算。通常采用试验标准（偏）差近似代替标准误差 σ，表达式为

$$\sigma = \sqrt{\dfrac{\sum\limits_{i=1}^{n}\delta_i^2}{n-1}} \tag{4-11}$$

或

$$\sigma = \sqrt{\dfrac{\sum\limits_{i=1}^{n}(v_i\delta_i^2)}{n-1}} \tag{4-12}$$

均方根误差与算术平均误差之间有以下关系：

$$\sigma = 0.7989 \times \delta \tag{4-13}$$

（5）概率误差。概率误差又称为或然误差，通常用符号 γ 表示。它表示在一组观测值中，误差落入 $-\gamma$ 与 $+\gamma$ 之间的观测次数为总观测值的一半（50%）。

可以证明，概率误差与均方根误差之间有以下关系：

$$\gamma = 0.6745 \times \sigma \tag{4-14}$$

确定概率误差的另一种方法是将各误差取绝对值后，按数值大小顺序排列，中间的误差就是概率误差。

（6）极限误差。各误差一般不应该超过某个界限，此界限称为极限误差，用 Δ 表示。对于服从正态分布的测量误差，一般取均方差的三倍作为极限误差，即

$$\Delta = 3\sigma \tag{4-15}$$

4.3.3 误差计算

1. 单次误差计算

在实际工作中，我们有时不可能进行重复测量，或者在精度要求不高的情况下只进行一次测量，称之为直接测量。单次直接测量的测量值就作为最佳值，其测量误差可以当作仪器本身的误差（仪器误差）来计算。

仪器误差是指仪器在规定的作用条件下，正确使用仪器时可能产生的误差，用 $\Delta \alpha$ 表示。对仪器误差的估计，我们可分以下几种情况进行讨论：

（1）有刻度的仪器表。如果未标出精度等级或精度密度，取其最小分度值的一半作为测量仪器误差 $\Delta \alpha$。

（2）标有精度的仪器表。对于有精度的仪器，可以取精度的 1/2 作为测量仪器误差 $\Delta \alpha$。

（3）标有精度等级的仪器仪表。可按仪器的标牌上（或说明书上）注明的精度等级及相关公式计算误差。

（4）仪表和数字显示的仪器仪表。取其末位的最小数值为测量仪器误差。

仪器误差遵从均匀分布规律，即在误差范围（$-\Delta \alpha$，$+\Delta \alpha$）内，各种误差出现的概率都相等。而在这个误差范围以外，误差不可能出现。根据均匀分布理论，仪器的标准误差和仪器误差有如下关系：

$$\sigma_{仪} = \frac{\Delta_{仪}}{\sqrt{3}} \tag{4-16}$$

因此，单次测显的标准绝对误差为

$$\sigma_{单} = \sigma_{仪} = \frac{\Delta_{仪}}{\sqrt{3}} \tag{4-17}$$

2. 多次直接测量误差的计算

在条件许可的情况下，我们总是采用多次测量，求其算术平均值作为最佳值。

对误差进行统计分析时，同样需要计算三个重要的统计特征值，即算术平均值、标准误差和变异系数。例如，进行了 n 次测量，得到 n 个测量值 $x_i (i = l, 2, \cdots, n)$，则有 n 个测量误 $\alpha_i (i = 1, 2, \cdots, n)$，则误差的平均值为

$$\bar{\alpha} = \frac{1}{n}(\alpha_1 + \alpha_2 + \cdots + \alpha_n) \tag{4-18}$$

式中，$\alpha_i = x_i - \bar{x}$，其中

$$\bar{x} = \frac{1}{n}\sum x_i \tag{4-19}$$

误差的标准值为

$$\sigma = \sqrt{\frac{1}{n-1}\sum_{i=1}^{n}\alpha_i^2} \tag{4-20}$$

变异系数为

$$C_v = \frac{\sigma}{\bar{\alpha}} \tag{4-21}$$

4.4 可疑测试数据的取舍方法

实际试验中，系统误差、偶然误差和过失误差是同时存在的，试验误差是这三种误差的组合。通过对误差进行检验，尽可能地消除系统误差，剔除过失误差，使试验数据

反映事实。

4.4.1　系统误差的发现和剔除

系统误差由于产生的原因较多、较复杂，所以系统误差不容易被发现，其规律难以掌握，也难以全部消除其影响。从数值上看，常见的系统误差有恒定系统误差和可变系统误差两类。

恒定系统误差是在整个测量数据中始终存在着的一个数值大小、符号保持不变的偏差。产生恒定系统误差的原因有测量方法或测量工具方面的缺陷等，如仪器仪表的初始零点飘移。恒定系统误差往往不能通过在同一条件下的多次重复测量来发现，只能用几种不同的测量方法或同时用几种测量工具进行测量比较，才能发现其原因和规律，并予以消除。例如，用有误差的砝码称重，不管重复多少次，都发现不了这一误差，只有用另一组准确砝码做同样的测量，才能查出这个恒定系统误差。

可变系统误差可分为积累变化、周期性变化和按复杂规律变化的系统误差三种。可变系统误差大多数可以从剩余误差中通过观察或校对来发现。下面就等精度测量中，判断可变系统误差的几种常用方法做简单介绍。

（1）将测量数据依址测的先后次序排列，如其剩余误差的大小基本上有规律地向一个方向变化，且符号为"－－－－＋＋＋＋"或反之，则测量列中有累积变化的系统误差。

（2）将测量数据按测量先后次序依次排列，如其剩余误差的符号基本上有规律地交替变化，则测量列中存在周期性变化的系统误差。

（3）如果存在某一条件时，测量数据的剩余误差基本上保持相同的符号，而当不存在这一条件时、剩余误差都变号，则测量列中存在随测量条件改变而改变的恒定系统误差。

（4）将测量数据依测量的先后次序排列，测量列中前一半数据的剩余误差之和与后一半数据的剩余误差之和应相等或相接近，否则该测量列中存在积累的可变系统误差。若测量列改变条件前剩余误差之和与改变条件后剩余误差之和不相等或不接近，则该测量列中存在随条件改变而改变的恒定系统误差。

（5）当测量次数 n 很大时，根据偶然误差正态分布理论，有

$$\frac{\sum |v_i|}{\sqrt{n(n-1)}} \to \frac{2\sigma}{\sqrt{2\pi}} \int_0^\infty e^{-x}\,dx = \frac{2\sigma}{\sqrt{2\pi}} \left[e^{-x}\right]_0^\infty = \frac{2\sigma}{\sqrt{2\pi}} = 0.7979\sigma$$

$$\frac{\sum |v_i|}{\sqrt{n(n-1)}} = 0.7979\sigma \tag{4-22}$$

因为系统误差不服从正态分布规律，所以当测量列的标准差（通常用 $S=\sigma$ ）不能满足上式时，便认为其中包含有可变系统误差。式（4-22）不能用来判断恒定系统误差。

对变化规律复杂的系统误差，可根据其变化的现象，寻找其规律和原因；也可改变或调整测量方法，改用其他测量工具，来减少或消除这类系统误差。

消除系统误差有两种方法，一是事先对仪器进行率定，或研究系统误差的性质和大小，以修正揽的方式从测量结果中予以扣除；二是在测量过程中，根据系统误差的性质，选择适当的量测方法，使测量数据中的系统误差可以相互抵消而不影响测量结果。

4.4.2 过失误差的剔除

凡在测量时不能对其做出合理解释的那些误差都视为过失误差，相应的数据就是所谓的异常数据，通常认为其中包含有过失误差，应该从试验数据中剔除。

根据误差的统计规律，绝对值越大的偶然误差，其出现的概率越小；偶然误差的绝对值不会超过某一范围。因此可以选择一个范围来对各个数据进行鉴别，如果某个数据的偏差超出此范围，则认为该数据中包含有过失误差，应予以剔除。常用的判别范围和鉴别方法如下：

1. 三倍标准误差（3σ）准则

前面已经讲过，当误差 $\delta \geqslant 3\sigma$ 时，在 $\pm 3\sigma$ 范围内，误差出现的概率 $P = 99.7\%$，即误差 $|\delta| > 3\sigma$ 的概率为 $1 - P = 0.3\%$，即 300 次量测中才有可能出现一次。因此，在大量的量测中，当某一个数据误差的绝对值大于 3σ 时，可以舍去。按 3σ 准则，能被舍去的量测值数目很少，所以对试验数据的精确度要求不是很高。

2. 肖维纳（Chauvenet）准则

按照统计理论，较大误差出现的概率很小。肖维纳准则可表述为：在 n 次量测中，某数据的剩余误差可能出现的次数小于半次时，便可剔除该数据。

进行 n 次测量，误差服从正态分布，以概率 $\dfrac{1}{2n}$ 去设定判别范围 $[-\alpha \cdot \sigma, +\alpha \cdot \sigma]$，当某个数据的误差绝对值大于 $\alpha \cdot \sigma (|x_i - \bar{x}| > \alpha \cdot \sigma)$，即误差出现的概率小于 $\dfrac{1}{2n}$ 时，就剔除该数据。

3. 格拉布斯（Grubbs）准则

格拉布斯方法是以 t 分布为基础，根据数理统计理论按危险率 α（指剔错的概率，在工程问题中置信度一般取 95%，$\alpha = 5\%$ 和 99%，$\alpha = 1\%$ 两种）和样本容量 n（即测量次数 n）求得临界值 $T_0(n, a)$（见表 4-1）。若某个测量数据 x，的误差绝对值满足式（4-23），即应剔除该数据。

$$|x_i - \bar{x}| > T_0(n, a) \cdot s \tag{4-23}$$

式中　s——样本的标准差。

表 4-1 $T_0(n, a)$

n \ a	0.05	0.10	n \ a	0.05	0.10
3	1.15	1.16	17	2.48	2.78
4	1.46	1.49	18	2.50	2.82
5	1.67	1.75	19	2.53	2.85
6	1.82	1.94	20	2.56	2.88
7	1.94	2.10	21	2.58	2.91
8	2.09	2.22	22	2.60	2.94
9	2.11	2.32	23	2.62	2.96
10	2.18	2.41	24	2.64	2.99
11	2.23	2.48	25	2.66	3.01
12	2.28	2.55	30	2.74	3.10
13	2.33	2.61	35	2.81	3.18
14	2.37	2.66	40	2.87	3.24
15	2.41	2.70	50	2.96	3.34
16	2.44	2.75	100	3.17	3.59

采用上述方法进行鉴别时，每次仅能舍弃一个数据。

对于过失误差，更重要的是加强试验人员的工作责任心和进行严格的技术培训，避免过失误差的产生。

4.5　测试数据曲线绘制

将原始数据经过整理换算和误差分析后，通过统计和归纳，得出试验结果。常用的试验数据和试验结果表达方式有列表表示法、图形表示法和经验公式表示法，它们将试验数据按照一定的规律和科学合理的方式表达，对数据进行分析，从而能直观、清楚地反映试验结果。

用图形来表达试验数据可以更加清楚、直观地表现各变量之间的关系，土木工程试验中较常用的是曲线图、形态图、直方图和饼图。

4.5.1　曲线图

用曲线图来表达试验数据及物理现象的规律性，它的优点是直观、明显，可以较好地表达定性分布和整体规律分布。作曲线图时，在图下方应标明图的编号及名称。一个曲线图中可以有若干条曲线，当图中有多条曲线时，可以用不同的线型、不同的记号或不同的颜色加以区别，也可以用文字说明来区别各条曲线；若需对图中的内容加以说明，可以在图中或图名下加上注解。绘制试验曲线时，除了要保证曲线连续、均匀外，还应保证试验曲线与实际量测值的偏差平方和最小。

4.5.2　形态图

在土木工程试验中，诸如混凝土结构的裂缝情况、钢结构的屈曲失稳、结构的变形状态、结构的破坏状态等是一种随机的过程性发展状态，难以用具体的数值加以表达。这类状态可以用形态图来表示。

形态图的制作方式主要为照片和手工绘制：

（1）照片可以如实地反映试验中的实际情况。缺点是有时不能特别突出重点，将一些不需要的细节也包含在内，另外如果照片不够清晰会对试验的分析判断产生影响。

（2）手工绘制的形态图可对试验的实际情况进行概括和抽象、突出重点。制图时，可根据需要制作整体图或局部图，还可以把各个侧面的形态图连成展开图。例如，随着构件裂缝的发展，在图上随时标明裂缝的位置、高度、宽度等。手工绘制的缺点是诸如裂缝位置、宽度等不能较准确地按比例表达。

形态图用以表示结构的损伤情况、破坏形态等，是其他表达方法所无法替代的。制作形态图可以与试验同时进行，这样可以对试验过程加以描述。形态图可以将照相及手工绘制方式同时制作，使试验得到比较完善的描述。

4.5.3　直方图和饼图

直方图的作用之一是统计分析，通过绘制某个变量的频率直方图和累积频率直方图来判断其随机分布规律，如图 4-1 所示。

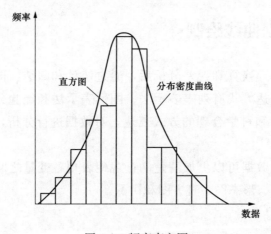

图 4-1　频率直方图

为了研究某个随机变量的分布规律，首先要对该变量进行大量的观测，然后按照以下步骤绘制直方图：

（1）从观测数据中找出最大值和最小值；

（2）确定分组区间和组数，区间宽度为 Δx；

（3）算出各组的中值；

（4）根据原始记录，统计各组内测量值出现的频数 m；

（5）计算各组的频率 $f_i(f_i = m_i / \sum m_i)$ 和累积频率；

（6）绘制频率直方图和累积频率直方图，以观测值为横坐标，以频率密度（$f_i/\Delta x$）为纵坐标，在每一分组区间，作以区间宽度为底、频率密度为高的矩形，这些矩形所组成的阶梯形称为频率直方图；再以累积频率为纵坐标，可绘出累积频率直方图。从频率直方图和累积频率直方图的基本趋向，可以判断该随机变量的分布规律。

直方图的另一个作用是数值比较，把大小不同的数据用不同长度的矩形来代表，可以得到一个更加直观的比较。饼图中，用大小不同的扇形面积来代表不同的数据，结果比较直观。

4.6　测试数据的回归分析

试验数据还可以用函数方式表达，能反映试验数据之间存在着一定的关系。这种表示方式比较精确、完善。在试验数据之间建立函数关系，包括两个工作：一是确定函数的形式，二是求函数表达式中的系数。试验数据之间的关系是复杂的，很难找到一个真正反映这种关系的函数，但可以找到一个最佳近似函数。常用来建立函数的方法有回归分析、系统识别等方法。

4.6.1　确定函数形式

由试验数据建立函数，首先要确定函数的形式，函数的形式应能反映各个变量之间的关系，有了一定的函数形式，才能进一步利用数学手段来求得函数式中的各个系数。

函数形式可以从试验数据的分布规律中得到，通常是把试验数据作为函数坐标点画在坐标纸上，根据这些函数点的分布或由这些点连成的曲线的趋向，确定一种函数形式。在选择坐标系和坐标变量时，应尽量使函数点的分布或曲线的趋向简单明了，如呈线性关系；还可以设法通过变量代换，将原来关系不明确的转变为明确的，将原来呈曲线关系的转变为呈线性关系。常用的函数形式以及相应的线性转换见表 4-2。还可采用多项式如：

$$y = a_0 + a_1 x + a_2 x^2 + \cdots + a_n x^n \tag{4-24}$$

表 4-2 所示的函数形式通常用于研究结构的恢复力特性。如果研究的问题有两个或两个以上自变量，则可以选择二元函数或多元函数。

确定函数形式时，应该考虑试验结构的特点，考虑试验内容的范围和特性，例如：是否经过原点，是否有水平或垂直或沿某一方向的渐近线、极值点的位置等，这些特征对确定函数形式很有帮助。严格地说，所确定的函数形式，只在试验结果的范围内才有效，并只能在试验结果的范围内使用；如要把所确定的函数形式推广到试验结果的范围以外，则应该要有充分的依据。

表 4-2   常见函数形式及相应的线性变换

图形及特征	名称及方程
 $a>0$ $b<0$ $a>0$ $b>0$	双曲线 $\dfrac{1}{Y}=a+\dfrac{b}{X}$
	令 $Y'=\dfrac{1}{Y}$，$X'=\dfrac{1}{X}$，其中 $Y'=a+bX'$
 $b>0$ $b<0$	幂函数曲线 $Y=rX^{b}$
	令 $Y'=\lg Y$，$X'=\lg X$，$a=\lg r$，则 $Y'=a+bX'$
 $b>0$ $b<0$	指数函数曲线 $Y=re^{bX}$
	令 $Y'=\ln Y$，$a=\ln r$，则 $Y'=a+bX$
 $b<0$ $b>0$	指数函数曲线 $Y=re^{\frac{b}{X}}$
	令 $Y'=\ln Y$，$X'=\dfrac{1}{X}$，$a=\ln r$，则 $Y'=a+bX'$

续表

图形及特征	名称及方程
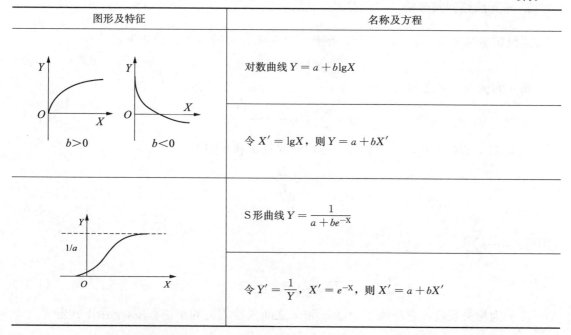	对数曲线 $Y = a + b\lg X$
	令 $X' = \lg X$，则 $Y = a + bX'$
	S 形曲线 $Y = \dfrac{1}{a + be^{-X}}$
	令 $Y' = \dfrac{1}{Y}$，$X' = e^{-X}$，则 $X' = a + bX'$

4.6.2 函数系数的回归

对某一试验结果，确定了函数形式后，应通过数学方法求其系数，所求得的系数使得这一函数与试验结果尽可能相符。常用的数学方法有回归分析和系数识别。

1. 回归分析

假设实验结果为 $(x_i, y_i, i = 1, 2, \cdots, n)$，用某一函数来模拟 x_i 与 y_i 之间的关系，这个函数中有待定系数 $a_j(j = 1, 2, \cdots, m)$，可写成：

$$y = f(x, a_j; j = 1, 2, \cdots, m) \tag{4-25}$$

上式的 a_j 也可称为回归系数。求这些回归系数（regression coefficient）所遵循的原则是：当将所求到的系数代入函数式中，用函数式计算得到数值，应与试验结果呈最佳近似，通常用最小二乘法（least square method）来确定回归系数 a_j。

所谓最小二乘法，就是使由函数式得到的回归值与试验值的偏差平方之和 Q 为最小，从而确定回归系数 a_j 的方法。Q 可表示为 a_j 的函数：

$$Q = \sum \left[y_i - f(x_i, a_j; j = 1, 2, \cdots, m) \right] \tag{4-26}$$

式中 (x_i, y_i)——试验结果。

根据微分学的极值定理，要使 Q 为最小的条件是把 Q 对 a_j 求导数并令其为零，如

$$\frac{\partial Q}{\partial a_j} = 0 (j = 1, 2, \cdots, m) \tag{4-27}$$

求解以上方程组，就可以解得使 Q 值为最小的回归系数 a_j。

2. 一元线性回归分析

假设试验结果 x_i 与 y_i，之间存在着线性关系，可得直线方程如下：

$$y = a + bx \tag{4-28}$$

相对的偏差平方之和 Q 为：

$$Q = \sum_{i=1}^{n} (y_i - a - bx_i) \tag{4-29}$$

把 Q 对 a 和 b 求导，并令其等于零，可解得 a 和 b 如下：

$$b = \frac{L_{xy}}{L_{xx}}$$

$$a = \overline{y} - b\overline{x} \tag{4-30}$$

式中，$\overline{x} = \frac{1}{n}\sum_{i=1}^{n} x_i$，$\overline{y} = \frac{1}{n}\sum_{i=1}^{n} y_i$

$$L_{xx} = \sum_{i=1}^{n}(x_i - \overline{x})^2, L_{xy} = \sum_{i=1}^{n}(x_i - \overline{x}),(y_i - \overline{y}) \tag{4-31}$$

设 γ 为相关系数，它反映了变量 x 和 y 之间线性相关的密切程度，γ 由下式定义

$$\gamma = \frac{L_{xy}}{\sqrt{L_{xx}L_{yy}}} \tag{4-32}$$

式中，$L_{yy} = \sum_{i=1}^{n}(y_i - \overline{y})^2$。显然，$|\gamma| \leqslant 1$。当 $|\gamma| = 1$，称为完全线性相关，此时所有的数据点 (x_i, y_i) 都在直线上；当 $|\gamma| = 0$，称为完全线性无关，此时数据点的分布毫无规则；$|\gamma|$ 越大，线性关系越好；$|\gamma|$ 很小时，线性关系很差，这时再用一元线性回归方程来代表 x 与 y 之间的关系就不合理了。表 4-3 为对应于不同的 n 和显著性水平 a 下的相关系数的起码值，当 $|\gamma|$ 大于表中相应的值时，所得到直线回归方程才有意义。

表 4-3 相关系数检验表

$n-2$ \ a	0.05	0.01	$n-2$ \ a	0.05	0.01
1	0.997	1.000	9	0.602	0.735
2	0.950	0.990	10	0.576	0.708
3	0.878	0.959	11	0.553	0.684
4	0.81	0.917	12	0.532	0.661
5	0.754	0.874	13	0.514	0.641
6	0.707	0.834	14	0.497	0.623
7	0.566	0.798	15	0.482	0.606
8	0.632	0.765	16	0.468	0.590

续表

$n-2$	a 0.05	0.01	$n-2$	a 0.05	0.01
17	0.456	0.575	29	0.355	0.456
18	0.444	0.561	30	0.349	0.449
19	0.433	0.549	35	0.325	0.418
20	0.423	0.537	40	0.304	0.393
21	0.413	0.526	45	0.288	0.372
22	0.404	0.515	50	0.273	0.354
23	0.396	0.505	60	0.250	0.325
24	0.388	0.96	70	0.232	0.302
25	0.981	0.487	80	0.217	0.283
26	0.374	0.478	90	0.205	0.267
27	0.367	0.470	100	0.195	0.254
28	0.361	0.463	200	0.138	0.181

3. 一元非线性回归分析

若试验结果 x_i 和 y_i 之间的关系不是线性关系。可以利用表 4-2 进行变量代换,转换呈线性关系,再求出函数式中的系数;也可以直接进行非线性回归分析,用最小二乘法求出函数式中的系数。对变量 x 和 y 进行相关性检验,可以用下列的相关指数 R^2 来表示:

$$R^2 = 1 - \frac{\sum (y_i - y)^2}{\sum (y_i - \overline{y})^2} \tag{4-33}$$

式中　　y —— $y = f(x_i)$ 是把 x_i 代入回归方程得到的函数值;

　　　　y_i ——试验结果;

　　　　$\overline{y}$ ——试验结果的平均值。

相关指数 R^2 的平方根 R 也可称为相关系数,但它与前面的线性相关系数不同。相关指数 R^2 和相关系数 R 是表示回归方程或回归曲线与试验结果拟合的程度,R^2 和 R 趋近 1 时,表示回归方程的拟合程度好;R^2 和 R 趋向零时,表示回归方程的拟合程度不好。

4. 多元线性回归分析

当所研究的问题中有两个以上的变量,其中自变量为两个或两个以上时,应采用多元回归分析。另外,由于许多非线性问题都可以化为多元线性回归的问题,所以多元线性回归分析是最常用的。假设试验结果为 $y = f(x_{1i}, x_{2i}, \cdots x_{mi}, y_i; i = 1, 2, \cdots, n)$,其中自

变量为 $x_n(i=1,2,\cdots,m)$，y 与 x_i 之间的关系由下式表示：

$$y=a_0+a_1x_1+a_2x_2+\cdots+a_mx_m \tag{4-34}$$

式中　　$a_j(j=1,2,\cdots,m)$ ——回归系数，用最小二乘法求得。

5. 系统识别方法

在结构动力试验中，常常需要由已知对结构的激励和结构的反应，来识别结构的某些参数，如刚度、阻尼和质量等。把结构看作为一个系统，对结构的激励是系统的输入，结构的反应是系统输出，结构的刚度、阻尼和质量等就是系统的特性。就可以用系统识别这一数学方法，由已知的系统的输入和输出，找出系统的特性或它的最优的近似解，确定试验结构的某些参数，如刚度、阻尼和质量以及恢复力模型。

第 5 章

预应力混凝土简支小箱梁静载试验检测

5.1 工程概况

某预应力混凝土装配式箱梁桥，桥梁全长 307m，跨径组合为 10×30m。上部结构为预应力混凝土装配式箱梁，下部结构为柱式墩、柱式台，钻孔灌注桩。设计荷载：公路－Ⅰ级。

该次试验的单梁为 1-L1 号小箱梁，为边跨边梁，梁长 29.7m，高 1.6m，翼缘板宽 0.358m、0.817m，底板宽 1m。小箱梁采用 C50 混凝土。桥面铺装为：10cm 路桥用沥青桥面铺装层＋8cm C50 混凝土调平层。预拱度为：－7mm。上部构造横断面、边梁跨中横断面和边梁支点横断面如图 5-1～图 5-3 所示。

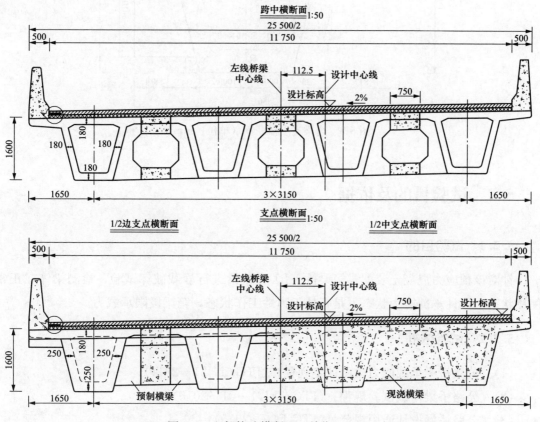

图 5-1 上部构造横断面（单位：mm）

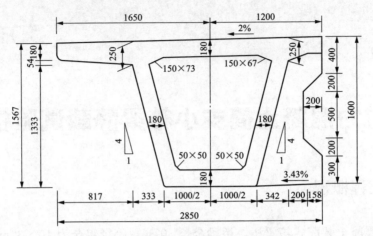

图 5-2 边梁跨中横断面（单位：mm）

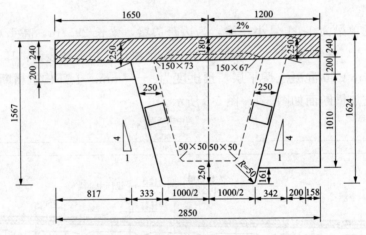

图 5-3 边梁支点横断面（单位：mm）

5.2 试验目的及依据

5.2.1 试验目的

针对该预应力混凝土装配式箱梁桥 1-L1 号箱梁进行静载破坏试验，检测梁体在正常使用状态、设计承载能力状态下是否处于弹性工作状态，箱梁极限承载力。

5.2.2 试验依据

（1）《公路桥梁承载能力检测评定规程》（JTG/T J21—2011）；

（2）《公路桥梁荷载试验规程》（JTG/T J21—01—2015）；

（3）《公路桥涵设计通用规范》（JTG D60—2015）；

（4）《公路钢筋混凝土及预应力混凝土桥涵设计规范》（JTG 3362—2018）；

（5）《后张法预应力混凝土带翼箱梁》（JC/T 2506—2019）；

（6）其他相关文件、施工图等。

5.3　试验实施方案

5.3.1　理论计算

1. 箱梁横向分布计算

采用桥梁结构计算软件桥梁博士 V4.0 进行横向分布计算，计算时采用刚接梁法和刚性横梁法分别计算，并取二者结果的最大值，边梁横向分布计算结果见表5-1、表5-2。

根据计算结果，该预应力混凝土装配式箱梁桥 1-L1 号小箱梁横向分布系数（汽车）取 0.685。

表 5-1　　　　　　　　　　　刚性横梁法计算横向分布系数表

构件	汽车
1 号小箱梁	0.685
2 号小箱梁	0.589
3 号小箱梁	0.589
4 号小箱梁	0.685

表 5-2　　　　　　　　　　　刚接板梁法计算横向分布系数表

构件	汽车
1 号小箱梁	0.671
2 号小箱梁	0.599
3 号小箱梁	0.599
4 号小箱梁	0.671

2. 试验梁控制弯矩计算

采用桥梁结构计算软件 Midas Civil 建立单梁计算模型。计算参数：C50 混凝土，弹性模量取为 $3.45 \times 10^4 \text{MPa}$，混凝土容重取为 26.0kN/m^3。汽车荷载横向分布系数边梁取 0.685，汽车荷载的分项系数均取为 1.0。

单梁模型共 127 个单元，134 个节点。边界条件按照连续梁模拟。采用计算模型如图 5-4 所示，弯矩包络图如图 5-5 所示。

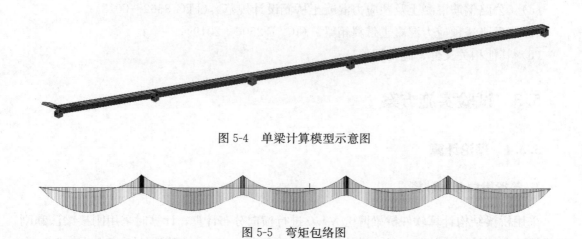

图 5-4　单梁计算模型示意图

图 5-5　弯矩包络图

测试控制截面取 1/2 截面。控制荷载按照极限状态法计算，过程如下：

(1) 二期恒载结果为 18.531kN/m，计算过程如下：

桥面现浇层：0.08×2.725×26＝5.668kN/m；

沥青现浇层：0.1×2.725×24＝6.54kN/m；

护栏：0.438×26×0.555＝6.323kN/m；

合计：5.668＋6.54＋6.323＝18.531kN/m。

(2) 支点不均匀沉降按照每支座沉降 5mm 计入，采用包络方式输出效应最大值。

(3) 温度荷载主要考虑梯度温度（升温）、梯度温度（降温）。

(4) 正常使用状态按照 1.0 支点不均匀沉降＋1.0 移动荷载＋1.0 温度荷载＋1.0 二期荷载（标准组合），计算得到边梁跨中弯矩为 3990.6kN·m，等效集中力约为 3990.6×4/29.0＝550.4kN。

(5) 设计承载能力状态按照 1.0 支点不均匀沉降＋1.4 移动荷载＋1.0 温度荷载＋1.2 二期荷载（标准组合），计算得到边梁跨中弯矩为 5099.8kN·m，等效集中力约为 5099.8×4/29.0＝703.4kN。

(6) 破坏状态采用桥梁结构计算软件 Midas Civil 及 FEA 建立单梁计算模型。计算参数：C50 混凝土，弹性模量取为 $3.45×10^4$MPa，混凝土容重取为 26.0kN/m³，混凝土本构模型采用总应变裂缝模型，其中张拉函数类型采用模型中的"常量"，f_t＝2.65MPa，受压函数类型采用模型中的"Thorenfeldt"，f_c＝32.4MPa；钢绞线的弹性模量为 195 000MPa，本构模型采用范梅塞斯模型，其中屈服强度为 1690MPa，抗拉强度为 1930MPa；HRB335 普通钢筋，弹性模量为 200 000MPa，本构模型采用范梅塞斯模型，其中屈服强度为 335MPa，抗拉强度为 490MPa。计算模型如图 5-6 和图 5-7 所示。30m 边跨边梁试验荷载计算汇总见表 5-3。

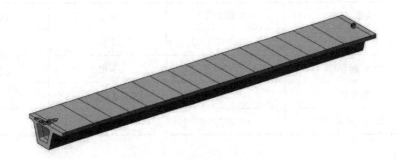

图 5-6 单梁计算杆系模型图

图 5-7 单梁计算实体模型图

表 5-3   30m 边跨边梁试验荷载计算汇总表

序号	加载工况	控制截面	加载弯矩（kN·um）	加载力 P(kN)
1	正常使用状态	跨中	3990.6	550.4
2	设计承载力状态	跨中	5099.8	703.4
3	开裂弯矩	跨中	5738.4	791.5
4	承载能力极限状态	跨中	14 239.7	1964.1

5.3.2 试验仪器

该次试验采用的仪器设备见表 5-4。

表 5-4   主要试验仪器一览表

序号	仪器名称	仪器编号	数量	仪器型号
1	HY-65 数码位移计	41012060-70～75	5 个	HY65050F
2	HY-65 数码应变计	41012053-80～90	10 个	HY-65B3000B

序号	仪器名称	仪器编号	数量	仪器型号
3	标准负荷测量仪	41012307-2、3	2套	—
4	50m钢卷尺	41011164-5-1	1把	长城
5	温度计	41012159-1	1个	—
6	混凝土裂缝测宽仪	41012239-6	1台	HC-CK101

5.3.3 测点布置

控制截面挠度：由无线数码位移计观测，在 $L/4$、跨中、$3L/4$ 处各布置一个测点；

控制截面应变：由无线数码应变计观测，在 $L/4$、$3L/4$ 处的底板位置，跨中的腹板上、腹板下和底板位置各布置一个测点；

支座沉降：由无线数码位移计观测，0 号临时支座、1 号临时支座处各布置两个测点；

位移测点布置如图 5-8 所示，应变测点布置如图 5-9 所示。

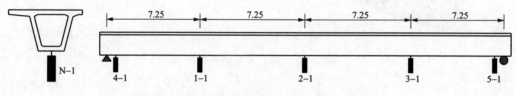

图 5-8　梁底位移计测点布置示意图（单位：m）

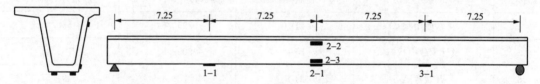

图 5-9　小箱梁梁底应变计测点布置示意图（单位：m）

5.3.4 采用的加载系统及加载程序

1. 加载系统

加载时采用跨中两点集中荷载直接加载的方式对箱梁施加各级荷载。各分级荷载值由标准负荷测量仪加载控制。加载如图 5-10 所示。

2. 加载程序

（1）试验荷载的分级控制。

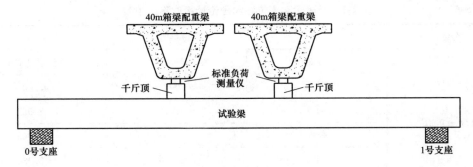

图 5-10　加载图示

1）正常使用状态。试验荷载采用两点集中力加载的方式进行，荷载等级共分 5 级进行，即从 0.2、0.4、0.6、0.8 倍直到加载至控制荷载的 1.0 倍，550.4kN。

2）设计承载能力状态。试验荷载采用两点集中力加载的方式进行，荷载等级共分 5 级进行，即从 0.2、0.4、0.6、0.8 倍直到加载至控制荷载的 1.0 倍，703.4kN。

3）破坏状态。试验荷载采用两点集中力加载的方式进行，荷载等级分 5 级加载至设计承载力状态，即从 0.2、0.4、0.6、0.8 倍直到加载至控制荷载的 1.0 倍，703.4kN，之后按每级增量 50kN 进行加载，逐级加载至箱梁破坏。

（2）试验过程

1）试验开始前，首先对箱梁进行外观检查，箱梁外观良好，没有发现明显病害，对各测试仪器、仪表进行了检查、校对，各仪器、仪表使用均正常。

2）首先取 40％的控制荷载，按 0→20％→40％的方式，分别对箱梁进行了 2 次预加载，检查加载设备有效，支承系统平稳，量测仪表灵敏，走针方向正确，并且有足够的量程。

3）试验过程中，依照事先拟定的加载方案，共分 5 级，对试验梁进行了加载，各级荷载稳定 20min 后读数。试验过程中观测有无新增裂缝，梁体有无异常声响。

4）各分级荷载施加完毕后，对箱梁分 3 级进行卸载，卸载后 20min，读取残余值，观测裂缝闭合状态，试验结束。

5.4　试验结果整理与分析

5.4.1　正常使用状态

正常使用状态下，1-L1 号箱梁位移实测值与理论值对比结果见表 5-5，分级加载的位移结果如图 5-11～图 5-13 所示；卸载后，挠度校验系数及残余挠度见表 5-6。应变实测值与理论值对比结果见表 5-7，分级加载的应变结果如图 5-14～图 5-17 所示，应变校验系数及残余应变见表 5-8。

表 5-5   1-L1 号箱梁实测位移和理论计算位移比较表

分级	位移值		
	截面	实测值（mm）	理论值（mm）
分级一 0.2P	0 号支座处	0.000	0.000
	1/4 处	−2.075	−2.922
	跨中	−3.483	−4.349
	3/4 处	−2.216	−2.922
	1 号支座处	0.000	0.000
	截面	实测值（mm）	理论值（mm）
分级二 0.4P	0 号支座处	0.000	0.000
	1/4 处	−4.450	−5.844
	跨中	−6.567	−8.698
	3/4 处	−4.533	−5.844
	1 号支座处	0.000	0.000
	截面	实测值（mm）	理论值（mm）
分级三 0.6P	0 号支座处	0.000	0.000
	1/4 处	−6.525	−8.765
	跨中	−10.150	−13.047
	3/4 处	−6.849	−8.765
	1 号支座处	0.000	0.000
	截面	实测值（mm）	理论值（mm）
分级四 0.8P	0 号支座处	0.000	0.000
	1/4 处	−8.700	−11.687
	跨中	−13.634	−17.396
	3/4 处	−8.966	−11.687
	1 号支座处	0.000	0.000
	截面	实测值（mm）	理论值（mm）
分级五 1.0P	0 号支座处	0.000	0.000
	1/4 处	−10.375	−14.609
	跨中	−16.417	−21.745
	3/4 处	−10.582	−14.609
	1 号支座处	0.000	0.000

分级	位移值		
	截面	实测值（mm）	理论值（mm）
残余位移	0 号支座处	0.000	0.000
	1/4 处	−0.354	0.000
	跨中	−0.566	0.000
	3/4 处	−0.347	0.000
	1 号支座处	0.000	0.000

注　表中实测值是修正支座沉降位移后的数值。

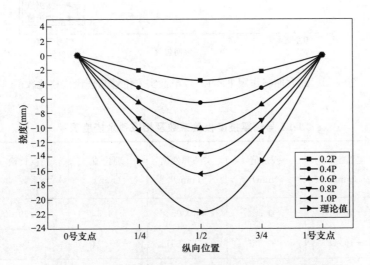

图 5-11　1-L1 号箱梁各分级加载下试验梁的实测位移图

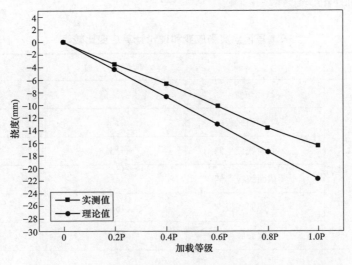

图 5-12　1-L1 号箱梁跨中测点实测与理论位移分级加载图

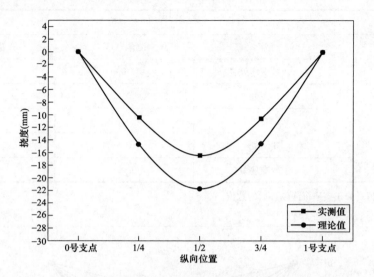

图 5-13 最大加载作用下 1-L1 号箱梁实测位移与理论位移比较图

表 5-6   **1-L1 号箱梁挠度校验系数及相应残余挠度表**

截面	实测值 （mm）	残余值 （mm）	实测弹性值 （mm）	理论值 （mm）	挠度校验 系数	相对残余
1/4 截面	−10.375	−0.354	−10.021	−14.609	0.69	3.4
跨中	−16.417	−0.566	−15.851	−21.745	0.73	3.4
3/4 截面	−10.582	−0.347	−10.235	−14.609	0.70	3.3

注 表中实测值和残余值均已考虑支座沉降。

表 5-7   **1-L1 号箱梁实测应变和理论计算应变比较表**

分级	应变值（$\mu\varepsilon$）		
	截面位置	实测值	理论值
分级— 0.2P	1/4 截面底板	21.7	29.4
	1/2 截面腹板上侧	−15.8	−20.9
	1/2 截面腹板下侧	34.3	45.3
	1/2 截面底板	45.2	58.9
	3/4 截面底板	21.3	29.4

续表

分级	应变值（$\mu\varepsilon$）		
	截面位置	实测值	理论值
分级二 0.4P	1/4 截面底板	45.3	58.9
	1/2 截面腹板上侧	−30.5	−41.7
	1/2 截面腹板下侧	69.5	90.7
	1/2 截面底板	92.4	117.9
	3/4 截面底板	45.7	58.9
分级三 0.6P	截面位置	实测值	理论值
	1/4 截面底板	67.0	88.3
	1/2 截面腹板上侧	−45.3	−62.6
	1/2 截面腹板下侧	104.8	136.0
	1/2 截面底板	139.6	176.8
	3/4 截面底板	66.0	88.3
分级四 0.8P	截面位置	实测值	理论值
	1/4 截面底板	89.6	117.8
	1/2 截面腹板上侧	−59.1	−83.4
	1/2 截面腹板下侧	141.1	181.4
	1/2 截面底板	182.8	235.8
	3/4 截面底板	87.3	117.8
分级五 1.0P	截面位置	实测值	理论值
	1/4 截面底板	108.3	147.2
	1/2 截面腹板上侧	−78.8	−104.3
	1/2 截面腹板下侧	171.3	226.7
	1/2 截面底板	226.0	294.7
	3/4 截面底板	106.7	147.2
残余应变	截面位置	实测值	理论值
	1/4 截面底板	3.8	0.0
	1/2 截面腹板上侧	−2.7	0.0
	1/2 截面腹板下侧	5.8	0.0
	1/2 截面底板	7.9	0.0
	3/4 截面底板	3.6	0.0

注 表中实测值为对应位置处的最大值。

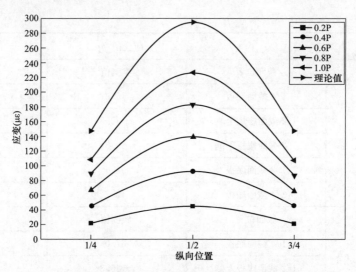

图 5-14 1-L1 号箱梁各分级加载下试验梁梁底的实测应变图

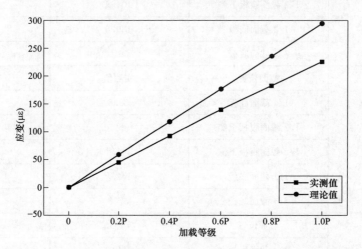

图 5-15 1-L1 号箱梁跨中底板测点实测与理论应变分级加载图

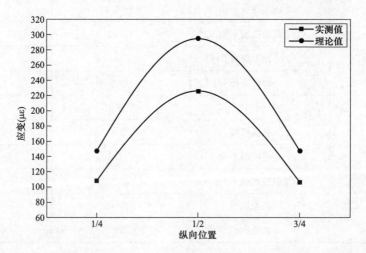

图 5-16 最大加载作用下 1-L1 号箱梁底板实测应变与理论应变比较图

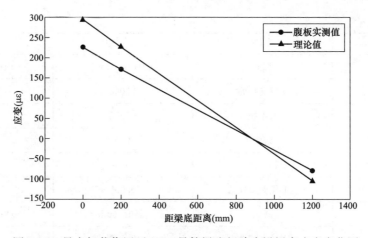

图 5-17 最大加载作用下 1-L1 号箱梁腹板跨中沿梁高应变变化图

表 5-8   1-L1 号箱梁应变校验系数及相应残余应变表

分级	截面	实测值 ($\mu\varepsilon$)	残余值 ($\mu\varepsilon$)	实测弹性值 ($\mu\varepsilon$)	理论值 ($\mu\varepsilon$)	应变校验系数	相对残余应变 (%)
分级五 1.0*P*	1/4 截面底板	108.3	3.8	104.5	147.2	0.71	3.5
	1/2 截面腹板上侧	−78.8	−2.7	−76.1	−104.3	0.73	3.4
	1/2 截面腹板下侧	171.3	5.8	165.5	226.7	0.73	3.4
	1/2 截面底板	226.0	7.9	218.1	294.7	0.74	3.5
	3/4 截面底板	106.7	3.6	103.0	147.2	0.70	3.4

5.4.2 设计承载能力状态

设计承载能力状态下，1-L1 号箱梁位移实测值与理论值对比结果见表 5-9，分级加载的位移结果如图 5-18 所示；卸载后，挠度校验系数及残余挠度见表 5-10。应变实测值与理论值对比结果见表 5-11，分级加载的应变结果如图 5-19 所示，最大加载作用下 1 腹板跨中沿梁高应变如图 5-20 所示，应变校验系数及残余应变见表 5-12。

表 5-9   1-L1 号箱梁实测位移和理论计算位移比较表

分级	位移值		
	截面	实测值（mm）	理论值（mm）
分级一 0.2*P*	0 号支座处	0.000	0.000
	1/4 处	−2.960	−3.734
	跨中	−4.398	−5.558
	3/4 处	−2.792	−3.734
	1 号支座处	0.000	0.000

分级	位移值		
	截面	实测值（mm）	理论值（mm）
分级二 0.4P	0号支座处	0.000	0.000
	1/4处	−5.721	−7.467
	跨中	−9.097	−11.115
	3/4处	−5.585	−7.467
	1号支座处	0.000	0.000
分级三 0.6P	截面	实测值（mm）	理论值（mm）
	0号支座处	0.000	0.000
	1/4处	−8.381	−11.201
	跨中	−13.195	−16.673
	3/4处	−8.577	−11.201
	1号支座处	0.000	0.000
分级四 0.8P	截面	实测值（mm）	理论值（mm）
	0号支座处	0.000	0.000
	1/4处	−10.441	−14.934
	跨中	−16.893	−22.230
	3/4处	−10.869	−14.934
	1号支座处	0.000	0.000
分级五 1.0P	截面	实测值（mm）	理论值（mm）
	0号支座处	0.000	0.000
	1/4处	−13.801	−18.668
	跨中	−21.992	−27.788
	3/4处	−13.962	−18.668
	1号支座处	0.000	0.000
残余位移	截面	实测值（mm）	理论值（mm）
	0号支座处	0.000	0.000
	1/4处	−0.614	0.000
	跨中	−0.957	0.000
	3/4处	−0.632	0.000
	1号支座处	0.000	0.000

注 表中实测值是修正支座沉降位移后的数值。

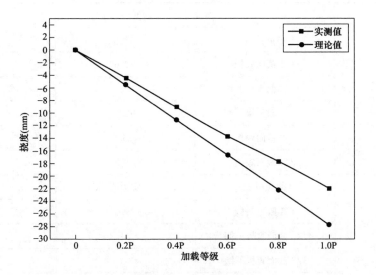

图 5-18 1-L1 号箱梁跨中测点实测与理论位移分级加载图

表 5-10   **1-L1 号箱梁挠度校验系数及相应残余挠度表**

截面	实测值 （mm）	残余值 （mm）	实测弹性值 （mm）	理论值 （mm）	挠度校验 系数	相对残余
1/4 截面	−13.801	−0.614	−13.187	−18.668	0.71	4.4
跨中	−21.992	−0.957	−21.035	−27.788	0.76	4.4
3/4 截面	−13.962	−0.632	−13.330	−18.668	0.71	4.5

注 表中实测值和残余值均已考虑支座沉降。

表 5-11   **1-L1 号箱梁实测应变和理论计算应变比较表**

分级	应变值（$\mu\varepsilon$）		
	截面位置	实测值	理论值
分级一 0.2P	1/4 截面底板	28.8	37.6
	1/2 截面腹板上侧	−20.9	−26.6
	1/2 截面腹板下侧	45.5	57.9
	1/2 截面底板	60.0	75.3
	3/4 截面底板	28.4	37.6

续表

分级	应变值（$\mu\varepsilon$）		
	截面位置	实测值	理论值
分级二 0.4P	1/4 截面底板	62.6	75.3
	1/2 截面腹板上侧	-38.8	-53.3
	1/2 截面腹板下侧	92.9	115.8
	1/2 截面底板	125.0	150.5
	3/4 截面底板	61.8	75.3
分级三 0.6P	截面位置	实测值	理论值
	1/4 截面底板	85.3	112.9
	1/2 截面腹板上侧	-54.2	-79.9
	1/2 截面腹板下侧	137.4	173.7
	1/2 截面底板	178.1	225.8
	3/4 截面底板	84.2	112.9
分级四 0.8P	截面位置	实测值	理论值
	1/4 截面底板	120.2	150.6
	1/2 截面腹板上侧	-82.7	-106.6
	1/2 截面腹板下侧	186.9	231.6
	1/2 截面底板	242.1	301.0
	3/4 截面底板	118.6	150.6
分级五 1.0P	截面位置	实测值	理论值
	1/4 截面底板	144.0	188.2
	1/2 截面腹板上侧	-104.6	-133.2
	1/2 截面腹板下侧	227.4	289.5
	1/2 截面底板	300.1	376.3
	3/4 截面底板	142.0	188.2
残余应变	截面位置	实测值	理论值
	1/4 截面底板	6.6	0.0
	1/2 截面腹板上侧	-4.7	0.0
	1/2 截面腹板下侧	10.2	0.0
	1/2 截面底板	14.1	0.0
	3/4 截面底板	6.5	0.0

注 表中实测值为对应位置处的最大值。

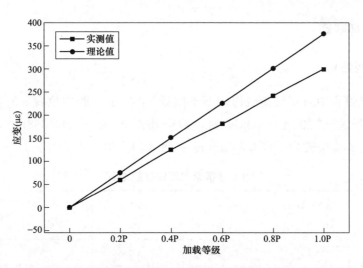

图 5-19　1-L1 号箱梁跨中底板测点实测与理论应变分级加载图

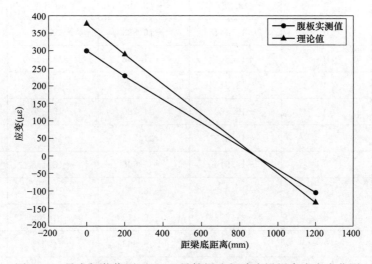

图 5-20　最大加载作用下 1-L1 号箱梁腹板跨中沿梁高应变变化图

表 5-12　　　　　　　　　　1-L1 号箱梁应变校验系数及相应残余应变表

分级	截面	实测值（με）	残余值（με）	实测弹性值（με）	理论值（με）	应变校验系数	相对残余应变（%）
分级五 1.0P	1/4 截面底板	144.0	6.6	137.4	188.2	0.73	4.6
	1/2 截面腹板上侧	−104.6	−4.7	−99.9	−133.2	0.75	4.5
	1/2 截面腹板下侧	227.4	10.2	217.1	289.5	0.75	4.5
	1/2 截面底板	300.1	14.1	286.0	376.3	0.76	4.7
	3/4 截面底板	142.0	6.5	135.5	188.2	0.72	4.6

5.4.3 破坏状态

1. 位移检测结果

箱梁在试验过程中对每级荷载作用下支座处、1/4 处、跨中位置、3/4 处挠度进行了采集与整理。荷载增加至 2000kN 时，1/4 处挠度为 -103.388mm，跨中挠度为 -177.932mm，3/4 挠度为 -103.545mm。挠度实测数据见表 5-13。

表 5-13　　　　　　　　　　　　　1-L1 号箱梁实测位移数据表

荷载（kN） 测点位置	0 号支座处 （mm）	1/4 处 （mm）	跨中 （mm）	3/4 处 （mm）	1 号支座处 （mm）
140	0	-2.960	-4.398	-2.792	0
280	0	-5.721	-9.097	-5.585	0
420	0	-8.381	-13.195	-8.577	0
560	0	-10.441	-16.893	-10.869	0
700	0	-13.801	-21.992	-13.962	0
750	0	-14.515	-23.245	-14.845	0
800	0	-15.460	-24.780	-15.830	0
850	0	-16.813	-27.313	-16.767	0
900	0	-17.916	-30.636	-18.136	0
950	0	-19.602	-33.299	-19.394	0
1000	0	-21.288	-36.142	-21.105	0
1050	0	-24.232	-39.663	-24.371	0
1100	0	-27.176	-42.852	-26.884	0
1150	0	-30.378	-45.636	-30.641	0
1200	0	-33.580	-51.452	-33.717	0
1250	0	-37.040	-57.556	-36.947	0
1300	0	-40.500	-62.695	-40.759	0
1350	0	-44.218	-69.309	-44.431	0
1400	0	-47.936	-76.670	-47.976	0
1450	0	-51.912	-82.923	-52.117	0
1500	0	-55.888	-91.597	-55.834	0

续表

荷载（kN） 测点位置	0 号支座处 （mm）	1/4 处 （mm）	跨中 （mm）	3/4 处 （mm）	1 号支座处 （mm）
1550	0	−60.122	−98.070	−59.973	0
1600	0	−64.356	−106.659	−64.348	0
1650	0	−68.848	−115.015	−68.707	0
1700	0	−73.340	−123.281	−73.332	0
1750	0	−78.090	−130.519	−78.044	0
1800	0	−82.840	−139.577	−82.746	0
1850	0	−87.848	−148.622	−88.007	0
1900	0	−92.856	−157.929	−92.965	0
1950	0	−98.122	−167.981	−98.233	0
2000	0	−103.388	−177.932	−103.545	0

注　表中实测值是修正支座沉降位移后的数值。

荷载加载到 800kN 时，跨中位置出现 2 条 U 形裂缝。混凝土开裂之前，跨中挠度随荷载增加呈线性增长，箱梁整体处于弹性阶段。荷载增加至 2000kN 时，1/4 处挠度为−103.388mm，跨中挠度为−177.932mm，3/4 挠度为−103.545mm，结构失去工作性能。

2. 应变检测结果

该次试验加载到 800kN 时，跨中位置出现 2 条 U 形裂缝，混凝土开裂，继续加载应变计读数失效。因此应变数据采集到 800kN。应变数据见表 5-14。

表 5-14　　　　　　　　　　1-L1 号箱梁实测位移数据表

荷载（kN） 测点位置	1/4 截面底板 （με）	1/2 截面腹板上侧 （με）	1/2 截面腹板下侧 （με）	1/2 截面底板 （με）	3/4 截面底板 （με）
140	28.8	−20.9	45.5	60.0	28.4
280	62.6	−38.8	92.9	125.0	61.8
420	85.3	−54.2	137.4	178.1	84.2
560	120.2	−82.7	186.9	242.1	118.6
700	144.0	−104.6	227.4	300.1	142.0
750	156.1	−110.0	245.9	321.8	154.0
800	166.3	−117.6	262.3	343.2	164.1

在混凝土开裂之前，跨中应变随荷载增加呈线性变化，箱梁整体处于弹性阶段；跨

中截面应变随梁高的分布情况符合平截面假定。

3. 裂缝观测结果

该次试验加载到 800kN 时，跨中位置出现 2 条 U 形裂缝，继续加载，裂缝数量逐渐增加，裂缝长度逐渐增长，裂缝宽度逐渐加宽。加载到 2000kN 时，箱梁腹板出现 72 条竖向裂缝，裂缝最长 1.45m，裂缝延伸到翼缘板位置，裂缝最宽 1.20mm，箱梁失去工作性。裂缝发展随荷载变化统计见表 5-15，加载到 2000kN 时，裂缝见表 5-16。

表 5-15   1-L1 号箱梁裂缝发展随荷载变化统计表

荷载（kN）	裂缝数量（条）	裂缝长度（m）	裂缝宽度（mm）
800	2	0.23	0.08
850	5	0.36	0.10
900	8	0.48	0.12
950	10	0.62	0.16
1000	13	0.73	0.20
1050	15	0.87	0.24
1100	17	1.02	0.28
1150	20	1.14	0.32
1200	22	1.27	0.36
1250	25	1.39	0.40
1300	27	1.45	0.44
1350	30	1.45	0.50
1400	33	1.45	0.54
1450	36	1.45	0.60
1500	38	1.45	0.64
1550	41	1.45	0.70
1600	45	1.45	0.74
1650	49	1.45	0.80
1700	53	1.45	0.84
1750	56	1.45	0.90
1800	59	1.45	0.96
1850	62	1.45	1.02
1900	66	1.45	1.08
1950	68	1.45	1.14
2000	72	1.45	1.20

表 5-16   1-L1 号箱梁加载到 2000kN 时裂缝统计表

序号	位置	裂缝长度（m）	裂缝宽度（mm）
1	距小桩号端 6.31m	0.42＋1.00＋0.46	0.26
2	距小桩号端 6.53m	0.46＋1.00＋0.52	0.36
3	距小桩号端 6.95m	0.67＋1.00＋0.62	0.38
4	距小桩号端 7.38m	0.35＋1.00＋0.38	0.32
5	距小桩号端 7.66m	0.69＋1.00＋0.65	0.34
6	距小桩号端 7.88m	0.72＋1.00＋0.78	0.34
7	距小桩号端 8.38m	0.74＋1.00＋0.78	0.36
8	距小桩号端 8.69m	0.81＋1.00＋0.77	0.42
9	距小桩号端 9.22m	0.76＋1.00＋0.79	0.46
10	距小桩号端 9.54m	0.51＋1.00＋0.56	0.44
11	距小桩号端 9.8m	1.26＋1.00＋1.22	0.58
12	距小桩号端 10.31m	0.69＋1.00＋0.62	0.54
13	距小桩号端 10.5m	1.15＋1.00＋1.19	0.56
14	距小桩号端 10.75m	1.27＋1.00＋1.24	0.60
15	距小桩号端 10.96m	0.45＋1.00＋0.41	0.50
16	距小桩号端 11.21m	1.18＋1.00＋1.20	0.64
17	距小桩号端 11.44m	0.67＋1.00＋0.63	0.58
18	距小桩号端 11.59m	1.42＋1.00＋1.40	0.66
19	距小桩号端 11.84m	1.05＋1.00＋1.07	0.64
20	距小桩号端 12.15m	1.35＋1.00＋1.38	0.74
21	距小桩号端 12.42m	1.45＋1.00＋1.44	0.78
22	距小桩号端 12.6m	0.63＋1.00＋0.67	0.76
23	距小桩号端 12.8m	1.19＋1.00＋1.22	0.88
24	距小桩号端 13m	1.13＋1.00＋1.16	0.86
25	距小桩号端 13.22m	1.43＋1.00＋1.42	0.92
26	距小桩号端 13.4m	1.16＋1.00＋1.19	0.90
27	距小桩号端 13.59m	1.29＋1.00＋1.32	0.94
28	距小桩号端 13.87m	1.25＋1.00＋1.27	0.92
29	距小桩号端 14.17m	1.42＋1.00＋1.41	0.96

续表

序号	位置	裂缝长度（m）	裂缝宽度（mm）
30	距小桩号端 14.33m	1.41＋1.00＋1.42	1.02
31	距小桩号端 14.6m	1.26＋1.00＋1.28	1.14
32	距小桩号端 14.8m	1.37＋1.00＋1.39	1.20
33	距小桩号端 15.02m	1.04＋1.00＋1.06	1.16
34	距小桩号端 15.26m	1.38＋1.00＋1.39	1.04
35	距小桩号端 15.43m	0.96＋1.00＋0.98	0.94
36	距小桩号端 15.62m	1.06＋1.00＋1.07	0.94
37	距小桩号端 15.82m	1.34＋1.00＋1.37	0.96
38	距小桩号端 15.99m	0.98＋1.00＋1.02	0.86
39	距小桩号端 16.22m	1.43＋1.00＋1.41	0.92
40	距小桩号端 16.38m	1.04＋1.00＋1.06	0.90
41	距小桩号端 16.64m	1.18＋1.00＋1.16	0.90
42	距小桩号端 16.77m	1.42＋1.00＋1.44	0.86
43	距小桩号端 16.98m	0.95＋1.00＋0.97	0.78
44	距小桩号端 17.19m	1.32＋1.00＋1.31	0.74
45	距小桩号端 17.58m	1.42＋1.00＋1.43	0.86
46	距小桩号端 17.76m	0.95＋1.00＋0.93	0.64
47	距小桩号端 17.98m	0.96＋1.00＋0.98	0.66
48	距小桩号端 18.12m	1.35＋1.00＋1.36	0.74
49	距小桩号端 18.26m	0.47＋1.00＋0.45	0.40
50	距小桩号端 18.42m	1.27＋1.00＋1.25	0.72
51	距小桩号端 18.57m	0.95＋1.00＋0.98	0.62
52	距小桩号端 18.82m	0.73＋1.00＋0.77	0.58
53	距小桩号端 18.99m	1.26＋1.00＋1.28	0.64
54	距小桩号端 19.35m	1.14＋1.00＋1.16	0.66
55	距小桩号端 19.51m	0.63＋1.00＋0.67	0.54
56	距小桩号端 19.8m	0.85＋1.00＋0.83	0.58
57	距小桩号端 20m	1.37＋1.00＋1.34	0.62
58	距小桩号端 20.18m	0.62＋1.00＋0.67	0.52

续表

序号	位置	裂缝长度（m）	裂缝宽度（mm）
59	距小桩号端20.43m	1.28+1.00+1.24	0.56
60	距小桩号端20.63m	0.63+1.00+0.67	0.48
61	距小桩号端20.8m	1.03+1.00+1.07	0.52
62	距小桩号端21.19m	1.03+1.00+1.08	0.50
63	距小桩号端21.44m	0.54+1.00+0.56	0.38
64	距小桩号端21.65m	1.14+1.00+1.16	0.46
65	距小桩号端21.97m	0.63+1.00+0.68	0.36
66	距小桩号端22.07m	0.67+1.00+0.69	0.36
67	距小桩号端22.23m	0.68+1.00+0.63	0.36
68	距小桩号端22.44m	0.73+1.00+0.78	0.34
69	距小桩号端22.67m	0.84+1.00+0.86	0.32
70	距小桩号端22.85m	0.69+1.00+0.63	0.32
71	距小桩号端23.12m	0.62+1.00+0.64	0.30
72	距小桩号端23.31m	0.47+1.00+0.43	0.24

加载到800kN时，跨中位置出现2条U形裂缝。可以看出，随着荷载增加，裂缝数量增加较快，加载到2000kN时，箱梁出现72条U形裂缝。在加载到1300kN时，跨中位置裂缝长度1.45m，已发展到翼缘板位置（见图5-21）。通过图5-22可以看出，随着荷载增加，裂缝宽度增加较快，加载到2000kN时，裂缝宽度1.2mm，箱梁失去工作性。

图5-21 1-L1号箱梁裂缝照片

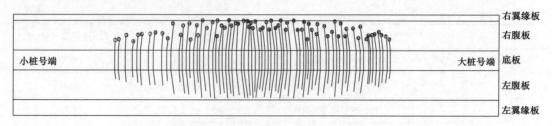

图 5-22　1-L1 号箱梁加载到 2000kN 时裂缝分布示意图

5.5　结论

5.5.1　正常使用状态

（1）挠度。经测试，在分级五 $1.0P$ 最大加载作用下，其最大弹性挠度为 -15.851mm，小于理论计算值 -21.745mm，1/2 截面处挠度校验系数为 0.73 ，1/4 和 3/4 截面的挠度校验系数分别为 0.69、0.70，均在《公路桥梁承载能力检测评定规程》要求的 $\leqslant 1.0$ 范围内。

（2）应变。经测试，在分级五 $1.0P$ 最大加载作用下，跨中底板最大弹性应变为 $218.1\mu\varepsilon$，小于理论计算值 $294.7\mu\varepsilon$，跨中底板截面处应变校验系数为 0.74，其他位置的应变校验系数为 $0.70\sim0.73$，均在《公路桥梁承载能力检测评定规程》要求的 $\leqslant 1.0$ 范围内。

（3）由图 5-12 的分级加载与 1-L1 号箱梁 1/2 截面实测挠度关系图可以看出，分级加载与对应实测挠度基本呈线性关系。

（4）由图 5-15 的分级加载与 1-L1 号箱梁 1/2 截面梁底实测应变关系图可以看出，分级加载与对应实测应变也基本呈线性关系。

（5）由附图 5-17 可以看出，1/2 截面左右腹板的应变沿梁高均接近直线变化，基本符合平截面假定。

（6）试验结束后，1-L1 号箱梁各截面相对残余挠度为 3.3%～3.4%，各截面相对残余应变为 3.4%～3.5%，均满足《公路桥梁承载能力检测评定规程》中相对残余值 $\leqslant 20\%$ 的规定。

5.5.2　设计承载能力状态

（1）挠度：经测试，在分级五 $1.0P$ 最大加载作用下，其最大弹性挠度为 -21.035mm，小于理论计算值 -27.788mm，1/2 截面处挠度校验系数为 0.76 ，$L/4$ 和 $3L/4$ 截面的挠度校验系数分别为 0.71、0.71，均在《公路桥梁承载能力检测评定规程》要求的 $\leqslant 1.0$ 范围内。

（2）应变：经测试，在分级五 $1.0P$ 最大加载作用下，跨中底板最大弹性应变为 $286.0\mu\varepsilon$，小于理论计算值 $376.3\mu\varepsilon$，跨中底板截面处应变校验系数为 0.76，其他位置的应变校验系数为 $0.72\sim0.75$，均在《公路桥梁承载能力检测评定规程》要求的 $\leqslant1.0$ 范围内。

（3）由图 5-18 的分级加载与 1-L1 号箱梁 1/2 截面实测挠度关系图可以看出，分级加载与对应实测挠度基本呈线性关系。

（4）由图 5-19 的分级加载与 1-L1 号箱梁 1/2 截面梁底实测应变关系图可以看出，分级加载与对应实测应变也基本呈线性关系。

（5）由附图 5-20 可以看出，1/2 截面左右腹板的应变沿梁高均接近直线变化，基本符合平截面假定。

（6）试验结束后，1-L1 号箱梁各截面相对残余挠度为 $4.4\%\sim4.5\%$，各截面相对残余应变为 $4.5\%\sim4.7\%$，均满足《公路桥梁承载能力检测评定规程》中相对残余值 $\leqslant20\%$ 的规定。

5.5.3　破坏状态

（1）挠度。加载到 2000kN 时，1/4 处挠度为 -103.388mm，跨中挠度为 -177.932mm，3/4 挠度为 -103.545mm，结构失去工作性能。

（2）应变。加载到 800kN 时，混凝土开裂，继续加载应变计读数失效。跨中截面底板最大的应变为 $343.2\mu\varepsilon$。

（3）裂缝。加载到 2000kN 时，箱梁腹板出现 72 条竖向裂缝，裂缝最长 1.45m，裂缝延伸到翼缘板位置，裂缝最宽 1.20mm，箱梁已失去工作性。

第6章

三层钢框架结构模型动力特性测试与分析

6.1 结构模型概况

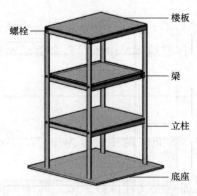

图 6-1 钢框架结构模型示意图

图 6-1 所示螺栓连接三层钢框架结构模型层高 0.3m，由立柱、梁、楼板和底座构成，材料规格尺寸见表 6-1。钢材采用 Q235 钢，弹性模量为 2.06×10^5 MPa，泊松比为 0.3，密度为 7.85×10^3 kg/m^3。

结构模型梁柱接触节点均采用单颗 M10 螺栓连接；楼板通过螺栓固定在梁上；在每个柱脚部位，柱由两块角钢夹持并点焊后固定于底座钢板上；模型底座钢板固定于刚性地面。

表 6-1 模型材料用表

名称	类型	规格（mm）	长度（mm）	数量（根/块）
立柱	扁钢	30×3	900	4
梁	等边角钢	L30×5	496	6
梁	等边角钢	L30×5	396	6
楼板	钢板	500×400×4	—	3
底座	钢板	600×600×10	—	1
柱脚	等边角钢	L50×4	60	8

6.2 结构动力特性测试

6.2.1 测试仪器及方法

测试设备和仪器主要有：DH5935N 型动态数据采集系统、891-4 型拾振器。试验采用人工激振测试三层钢框架结构前三阶模态自振频率与振型。为保证激振效果，分别在一、二、三层处进行各阶模态的人工激振。测试信号采样频率 200Hz，信号频谱分析时分析点数均取为 1024 点。

6.2.2　试验及数据处理

基于功率谱密度的峰值法（PP 法）对振动信号实测数据进行分析。综合时间波形和自功率谱，分析结构模型振动的前三阶模态自振频率和振型。图 6-2、图 6-3 分别给出了人工激振下结构第一阶模态第三层测点和第二阶模态第一层测点自由衰减振动时间历程曲线。由图 6-2、图 6-3 可以看出：人工激振作用下，结构振动波形明显，信号信噪比较高。

振型描述了结构体系自身振动的形态，是结构自振特性的重要参数之一。由式（6-1）～式（6-3）可对结构实测振型进行质量归一化处理：

$$\overline{\boldsymbol{\Phi}}_n^{\mathrm{T}} \boldsymbol{M} \overline{\boldsymbol{\Phi}}_n = 1 \tag{6-1}$$

$$M_n = \boldsymbol{\Phi}_n^{\mathrm{T}} \boldsymbol{M} \boldsymbol{\Phi}_n \tag{6-2}$$

$$\overline{\Phi}_n = \Phi_n / \sqrt{M_n} \tag{6-3}$$

式中　　Φ——质量归一化之前的振型；

　　　　$\overline{\Phi}$——质量归一化之后的振型；

　　　　M——质量矩阵；

　　　　n——振型阶数。

由第一、二、三阶波形自功率谱识别得到结构前三阶自振频率与质量归一化振型如图 6-4 所示。

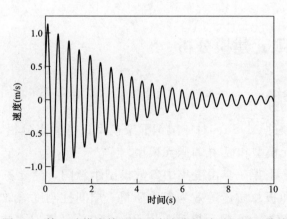

图 6-2　第一阶模态第三层测点自由振动时间历程曲线

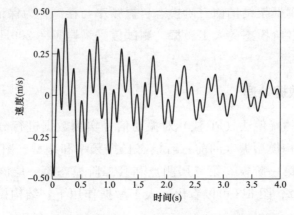

图 6-3　第二阶模态第一层测点自由振动时间历程曲线

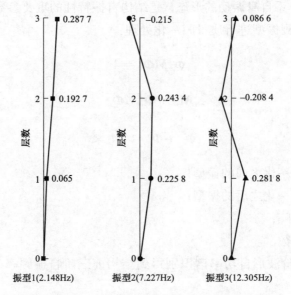

图 6-4　模态测试识别得到的结构前三阶振型和频率

6.3　结构有限元建模分析

6.3.1　有限元建模

采用有限元分析软件 ANSYS 对三层钢框架模型进行模态分析，分别建立质量-梁三自由度集中参数有限元模型和板-梁有限元模型。

根据图 6-5 所示质量-梁三自由度集中参数模型示意图，建立三自由度集中参数有限元模型。结构每层梁和板总质量等效为集中质量，层间柱刚度等效为集中刚度，考虑结构 x 方向前三阶弯曲模态。有限元模型采用 BEAM4 单元模拟立柱，MASS21 单元模拟集中质量；模型在柱脚位置节点自由度全部约束。考虑梁柱接触连接的复杂性，规定层间柱初始长度均为螺栓间净距，即 l_i 为 0.29m。集中质量 m 均取为 11.01kg，柱截面惯性矩 I 均取为 $6.75\times10^{-11}\,\mathrm{m}^4$。

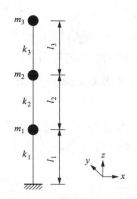

图 6-5　集中参数模型示意图

图 6-6　板-梁有限元模型

结构板-梁有限元模型如图 6-6 所示，分别采用 BEAM4、BEAM3 与 SHELL63 单元模拟立柱、梁与楼板，建立柱和梁板模型；在柱脚位置施加固端约束。由于螺栓拧紧程度等原因，梁柱接触位置螺栓连接对结构平面内自振特性的影响主要取决于梁柱连接刚度。考虑到绕柱弱轴转动自由度 ROTY 对结构振动的显著影响，建立结构板-梁有限元模型时，应用位重合节点耦合命令（cpintf），通过改变耦合时 ROTY 的约束情况来实现不同刚度的螺栓连接形式。当模型所有梁柱螺栓节点耦合时都无该约束，即为节点铰接；当模型所有梁柱螺栓节点耦合时都有该约束，即为节点刚接；当模型一端梁柱螺栓节点耦合时有约束，另一端无约束，等效为节点半刚性连接。以各节点 ROTY 自由度约束情况的不同处理方式，分别建立了铰接、半刚性连接与刚性连接的板-梁有限元模型，拟通过 3 种有限元模型结果对比，获得与实际螺栓连接相符度较高的螺栓简化处理方式。

6.3.2　有限元计算结构及分析

应用 ANSYS 软件对钢框架结构不同有限元模型进行模态分析，据此得到结构前 3 阶模态自振频率，自振频率有限元值与实测值对比见表 6-2。

表 6-2　　　　　　　　　　　结构自振频率有限元值与实测值对比

模态阶次	模态实测(Hz)	集中参数模型		板-梁模型					
				铰接处理		半刚性连接处理		刚接处理	
		大小(Hz)	误差(%)	大小(Hz)	误差(%)	大小(Hz)	误差(%)	大小(Hz)	误差(%)
1	2.148	2.497	16.2	0.756	−64.8	2.293	6.8	3.228	50.3
2	7.227	6.995	−3.2	4.944	−31.6	7.540	4.3	9.740	34.8
3	12.305	10.109	−17.8	13.317	8.2	14.069	14.3	14.945	21.5

由表 6-2 可知：不同有限元模型计算得到的结构固有频率存在明显差异；对于板-梁

结构模型，随着梁柱节点连接刚度的增加，模型固有频率显著提高；集中参数模型与螺栓连接半刚性简化处理的板-梁模型所得固有频率与结构实测固有频率较为接近。鉴于结构高阶模态频率测试值与有限元计算值均可能存在较大误差，本文重点对比分析结构第1、2阶模态固有频率。研究表明：节点半刚性处理的板-梁有限元模型结构第1、2阶固有频率误差均在10％范围内，而简化为刚接或铰接处理的板-梁有限元模型误差均超出30％，即铰接或刚接处理螺栓连接都出现了模拟显著失真现象。因此，将螺栓节点连接刚度处理为半刚性连接更符合结构实际情况。

然而，由半刚性连接处理有限元模型所得结构固有频率与实测值对比可知，结果仍存在一定偏差。因此，有必要对有限元模型其他不确定因素进行进一步修正。

6.4　结构有限元模型修正

该三层钢框架模型有限元建模时，各层质量、刚度参数取值较为明确，主要的不确定性参数为层间柱长度取值。因此，有必要对结构各层间柱长度进行修正。

将三层钢框架结构简化为三自由度集中参数模型是结构动力学领域的常见处理形式。在三自由度模型中，层间抗侧刚度构成结构刚度矩阵。各层间结构抗侧刚度为：

$$k = 4 \times \frac{3EI}{l_i^3} = \frac{Ebh^3}{l_i^3}(i = 1, 2, 3) \tag{6-4}$$

式中　I ——柱截面绕弱轴的惯性矩；

　　　l_i ——各层间柱长度；

　　　b ——柱截面宽度；

　　　h ——柱截面厚度。

由式（6-4）可知，刚度 k 与柱层间长度 l_i 的三次方成反比。因此，当层间柱长度 l_i 变化时，对结构刚度影响较明显。为得到精细化的有限元模型，现对模型柱层间长度 l_i 进行修正。

6.4.1　有限元修正模型

根据结构三自由度集中参数模型，可由结构实测频率和振型值反推出各层柱的抗侧刚度，再通过柱的抗侧刚度反算层简柱的实际有效长度。根据结构动力特性测试所得的自振频率和振型重建集中参数模型的质量和刚度矩阵：

$$\boldsymbol{M} = \boldsymbol{\Phi}^{-T}\boldsymbol{\Phi}^{-1} \tag{6-5}$$

$$\boldsymbol{K} = \boldsymbol{\Phi}^{-T}\begin{bmatrix} \omega_1^2 & & \\ & \omega_2^2 & \\ & & \omega_3^2 \end{bmatrix}\boldsymbol{\Phi}^{-1} \tag{6-6}$$

式中　　　　　Φ——测试所得的质量归一化振型；

$\omega_i(i=1, 2, 3)$——实测第 i 阶固有圆频率。

而三自由度集中参数模型简化计算时刚度矩阵：

$$\overline{\boldsymbol{K}} = \begin{bmatrix} k_1 & -k_1 & 0 \\ -k_1 & k_1+k_2 & -k_2 \\ 0 & -k_2 & k_2+k_3 \end{bmatrix} \tag{6-7}$$

对比式（6-6）和式（6-7），考虑测试频率和振型误差并结合 ANSYS 验算，可反推三层柱的实际有效长度约为 0.337m、0.275m、0.263m。可见：层间柱的总实际有效长度略小于柱初始总长度；因柱脚通过角钢固定及传感器安放位置，致使首层柱实际有效长度大于初始值；由于梁柱接触连接，二、三层柱实际有效长度略小于初始值。将柱实际有效长度值代入有限元模型中，即可得到修正后的三自由度集中参数有限元模型和板-梁有限元模型。

6.4.2　对比与分析

对修正后的有限元模型进行模态分析，得出有限元模型修正后的自振频率及误差见表 6-3。

表 6-3　　　　　　　　　　　有限元模型修正后的自振频率及误差

模态阶次	模态实测（Hz）	集中参数模型		板-梁模型	
		大小（Hz）	误差（%）	大小（Hz）	误差（%）
1	2.148	2.238	4.2	2.226	3.6
2	7.227	7.143	−1.2	7.493	3.7
3	12.305	11.055	−10.2	13.916	13.1

对比表 6-2 和表 6-3 可知，修正后有限元模型固有频率计算值与实测值之间误差均减小。通过层间柱长度修正，有效提高了有限元建模的精度。

考察振型的相关性可以检验模型修正的准确性，有限元计算振型和实测振型的相关性可以通过模态保证准则来计算，公式如下：

$$\mathrm{MAC}(\boldsymbol{\Phi}_s, \boldsymbol{\Phi}_i) = \frac{|\boldsymbol{\Phi}_s^{\mathrm{T}}\boldsymbol{\Phi}_i|^2}{(\boldsymbol{\Phi}_s^{\mathrm{T}}\boldsymbol{\Phi}_s)(\boldsymbol{\Phi}_i^{\mathrm{T}}\boldsymbol{\Phi}_i)} \tag{6-8}$$

式中　　　　　Φ_s——模态试验实测质量归一化振型；

$\Phi_i(i=1, 2, 3)$——质量归一化振型。

MAC 值介于 0 和 1 之间。如果模态完全相关，则 MAC=1；如果模态完全不相关，则 MAC=0。

研究有限元模型修正前后所得振型与实测振型之间的相关性，得出各振型模态保证准则见表 6-4。由表 6-4 可知：有限元模型修正后，结构前 3 阶模态振型相关性均有所提高；板-梁有限元模型 MAC 值接近于 1，相关性较好；集中参数有限元模型第 1 阶模态振型相关性较好，而第 2、3 阶模态振型相关性较差。

表 6-4 有限元模型修正前后振型 MAC 对比表 （%）

模态阶次	集中参数模型		板-梁模型	
	修正前	修正后	修正前	修正后
1	92.211	97.134	99.235	99.998
2	73.164	89.073	96.566	99.793
3	93.200	82.073	98.350	99.452

6.5 结论

（1）螺栓连接钢框架结构动力特性有限元建模，螺栓节点宜处理为半刚性连接。

（2）螺栓连接钢框架结构层间柱长度取值对结构动力特性有限元值影响较大，是该类结构有限元精细化建模的难点。

（3）将螺栓连接钢框架结构简化为集中参数有限元模型，结构固有频率误差相对较小，但结构振型相关性偏差。

（4）螺栓连接钢框架结构有限元精细化建模影响因素众多，有必要进一步深入研究。

第7章

某预应力混凝土空心板梁桥静动载试验检测

7.1 工程概况

某预应力混凝土空心板梁桥，原桥为漫水桥，桥宽 6m，由于严重阻水，每年夏季涨水时水淹桥面，并且桥面宽度已经无法满足交通量的需求，行人及车辆安全出行受到严重威胁，给群众的出行带来了很大的不便和安全隐患，成为险桥。为解决沿线群众的安全出行和区域物资的正常运输，特将原桥拆除，并在原桥址处新建桥梁。

该桥为正交 8×20m 简支梁桥（见图 7-1）。上部结构采用装配式后张法预应力空心板结构（C50 混凝土），每跨由 8 片空心板构成，空心板截面如图 7-2 所示；桥面总宽为净 9m 行车道+2×0.5m 防撞护栏，全宽 10m（见图 7-3）；桥台为扩基 U 形桥台，桥墩为扩基接立柱，1～5 号桥墩柱径 1.3m，柱高 8.8m，6～7 号桥墩柱径 1.3m，柱高 8.3m；桥面采用简易连续，四孔一联，共两联；桥梁设计荷载等级为公路-Ⅱ级。

图 7-1 某预应力混凝土空心板梁桥全貌

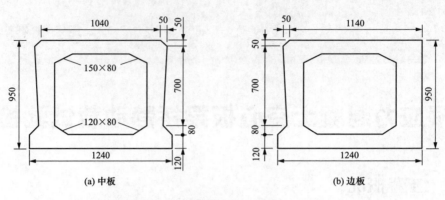

图 7-2　空心板截面图（单位：mm）

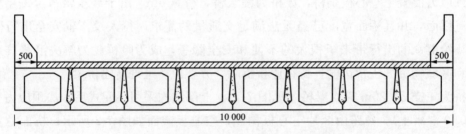

图 7-3　横断面图（单位：mm）

7.2　试验目的及依据

7.2.1　试验目的

通过桥梁静动载试验，全面了解桥梁的实际工作状态，并对其承载能力及工作性能能否满足设计荷载等级（公路-Ⅱ级）的要求做出评价，为桥梁的安全运行、养护管理提供必要的技术依据。

7.2.2　试验依据

（1）《混凝土结构试验方法标准》（GB/T 50152—2012）；

（2）《公路桥梁承载能力检测评定规程》（JTG/T J21—2011）；

（3）《公路桥梁技术状况评定标准》（JTG/T H21—2011）；

（4）《公路工程技术标准》（JTG B01—2003）；

（5）《公路桥涵设计通用规范》（JTG D60—2004）；

（6）《公路钢筋混凝土及预应力混凝土桥涵设计规范》（JTG D62—2004）；

（7）其他相关文件、施工图等。

注：上述所列为该项目实施时的现行规范。

7.3 静动载试验检测方案

7.3.1 静载试验

1. 理论计算分析

利用桥梁结构有限元分析软件 Midas Civil 对该桥进行空间结构计算分析，计算模型如图 7-4 所示。该桥车道横向净宽 9m，荷载等级为公路-Ⅱ级。考虑桥面铺装层参与结构受力，计算得到公路-Ⅱ级活载作用下桥梁的弯矩包络图，根据内力最大的空心板布置试验荷载，观测在试验荷载作用下桥梁的应变、挠度、残余应变与残余挠度，以及动力性能指标，从而评定桥梁的实际工作性能。

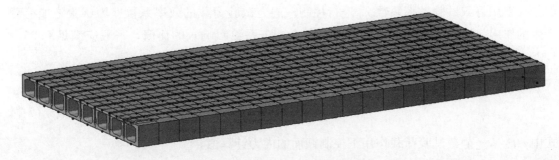

图 7-4 Midas Civil 有限元模型

2. 测试项目和测试截面

对该桥静载试验孔的选择主要考虑：便于搭设脚手架，便于设置测点或便于实施加载等。根据该桥的脚手架搭设条件，特选取第三跨（编号见图 7-5）作为静载试验测试跨。由于简支梁桥属于静定结构，受力简单明确，因此该次静载试验选取空心板梁（编号见图 7-6）跨中作为弯矩和挠度最不利控制截面。

图 7-5 桥孔跨径布置图

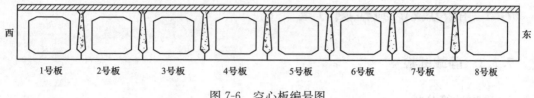

图 7-6　空心板编号图

3. 加载方式及工况

（1）加载形式。静载试验采用 2 辆装满石子的自卸车作为加载车辆进行等效加载，车型如图 7-7 所示，实测 2 辆加载车车重分别为 31.58t 和 34.18t。车辆的间距和布置位置通过桥梁空间计算软件 Midas 试算确定，为保证检测效果，试验荷载的大小和加载位置的选择采用静载试验效率系数 η_d 进行控制。静力试验荷载的效率系数即为试验施加荷载产生的作用效应和设计荷载作用效应（考虑冲击系数影响）的比值，一般应满足 0.95～1.05 之间。

静载试验效率 η_d 为：

$$\eta_d = \frac{S_s}{S(1+\mu)} \tag{7-1}$$

式中　S_s——静载试验荷载作用下控制截面的内力计算值；

S——检算荷载产生的同一加载控制截面的最不利内力效应计算值；

μ——按规范取用的冲击系数，根据《公路桥涵设计通用规范》（JTG D60—2004）条文 4.3.2，当 $1.5\text{Hz} \leqslant f \leqslant 14\text{Hz}$ 时，汽车荷载冲击系数 $\mu = 0.1767\ln f - 0.0157 = 0.289$；

η_d——静力试验荷载的效率系数。

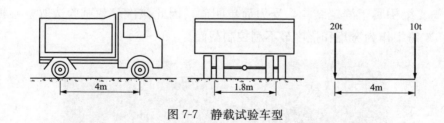

图 7-7　静载试验车型

（2）加载工况。根据《公路桥涵设计通用规范》中汽车荷载公路-Ⅱ级的布置方式，共为两种工况：

1）工况一：考虑冲击系数的设计荷载，汽车荷载偏载作用时的跨中截面等效加载；

2）工况二：考虑冲击系数的设计荷载，汽车荷载对称作用时的跨中截面等效加载。

工况一、工况二的静载效率系数见表 7-1，满足检测要求。

表 7-1		工况一、工况二跨中截面弯矩静载效率系数一览表		
项目		弯矩（kN·m）		加载效率
		设计荷载（公路-Ⅱ级）	加载车辆	
工况一	跨中截面	609.55	617.43	1.01
工况二	跨中截面	763.49	734.41	0.96

4. 试验车辆布置

静载试验的试验车辆平面布置如图 7-8 和图 7-9 所示。

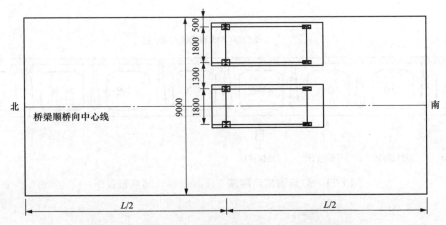

图 7-8　工况一试验车布置示意图（尺寸单位：mm）

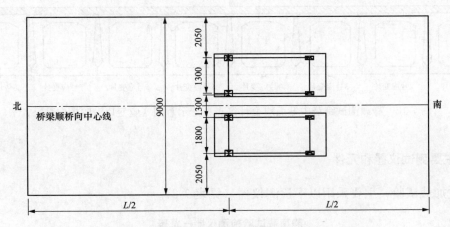

图 7-9　工况二试验车布置示意图（尺寸单位：mm）

5. 测点布置

测试控制截面的应力分布，一般通过应变量测反映，而测试截面挠度则通过位移计量测。因此，正确布置测点对结构受力状态的准确分析非常重要。该次加载试验挠度测点和应变测点布置分别如图 7-10～图 7-12 所示。

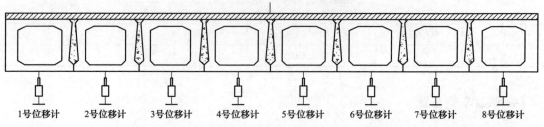

图 7-10　静载测试跨跨中截面位移计测点布置示意图

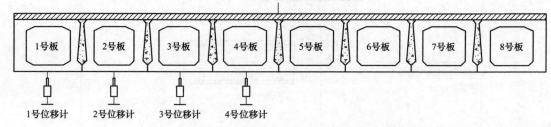

图 7-11　静载测试跨两端支座处位移计测点布置图

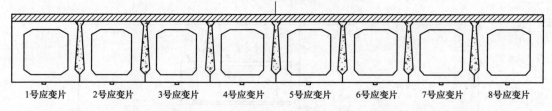

图 7-12　静载测试跨跨中截面应变计测点布置示意图（应变片沿顺桥向粘贴）

6. 主要测试仪器和元件

该次加载试验，主要采用以下检测仪器（见表 7-2）。

表 7-2　　　　　　　　　　　静荷载试验检测仪器一览表

序号	仪器名称	工作内容或用途
1	DH3818 应变数据采集系统	应变数据采集
2	电阻应变片	应变量测
3	位移传感器	挠度量测

7.3.2　动载试验

1. 动荷载试验目的及内容

桥梁结构的动力试验研究桥梁结构的自振特性，以及车辆动力荷载与桥梁结构的联合振动特性，其测试数据是判断桥梁结构运营状况和承载特性的重要指标。

桥梁结构振动周期（或频率）与结构的刚度有着确定的关系，在设计时也要避免引起桥跨结构共振的强迫振动振源（车辆）的频率与桥跨结构自振频率相等或相近，引起过大的共振振幅，危及桥梁的使用安全。通过动载试验主要达到以下目的：

（1）通过动力特性试验，了解桥跨结构的固有振动特性，及其在长期使用荷载阶段的动力性能；

（2）通过动力特性试验和理论分析，对桥梁承载能力及其工作状况作出综合评价；

（3）为桥梁维护提供依据，指导桥梁的正确使用和养护、维修计划。

动力测试主要包括自振特性测试和行车激振试验。自振特性测试主要目标在于得到桥梁结构的自振频率和振型。自振特性测试方法是测试环境随机荷载或行车荷载激振而引起的桥跨结构微幅振动响应，通过计算机记录并实施 FFT 信号处理分析出频域响应结果。行车激励试验采用车辆以特定速度往返通过桥跨结构，测定桥跨结构在运行车辆荷载作用下的动力响应。该次动载试验主要通过在桥梁上适当位置布置高灵敏度的拾振器，采用东华动态测试系统对结构在环境激励作用下的速度振动信号进行采集，据此对结构进行分析和评价。动载试验主要包括以下内容：

（1）动力测点布置；

（2）环境振动（或车激振动）数据采集；

（3）测试数据的分析整理。

2. 动载试验测试方法与测点布置

在桥面的交通荷载以及桥址附近无规则振源的情况下，通过高灵敏度拾振器测定桥址处风荷载、地脉动、水流、行车荷载等随机荷载激振而引起桥跨结构的微幅振动响应，继而获得结构的自振频率、振型和阻尼比等动力学特征。三只竖向拾振器（设为速度档）分别布置第二跨、三跨、四跨跨中截面的桥面横向一侧，测点布置如图 7-13 所示，拾振器的安装与局部放大如图 7-14、图 7-15 所示。值得说明的是，对于该项目检测的装配式桥梁，精细的动载试验宜沿桥梁横向布置多个测点，以考察各空心板梁的差异性。但根据已有研究表明，频率对结构的微小刚度与质量差异并不敏感，而该项目检测的主要参数也仅是频率，主要评价指标是桥梁的整体宏观性能，因此按图 7-13 布置测点也较为合适。

3. 主要测试仪器及数据采集

动态测试仪器采用江苏东华测试技术股份有限公司生产的 DH5935N 数据采集系统，

采用的主要测试仪器见表 7-3。

1号拾振器	2号拾振器	3号拾振器
桥梁顺桥向中心线		
第二跨	第三跨	第四跨

南 ————————————————————————— 北

图 7-13　拾振器沿桥梁纵向的平面布置图

 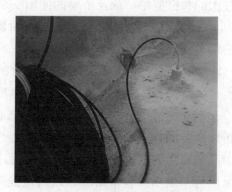

图 7-14　动载试验拾振器的安装　　　　图 7-15　动载试验拾振器放大详图

表 7-3　　　　　　　　　　　　　　动载试验主要测试仪器

序号	仪器名称	仪器型号
1	拾振器（竖向）	891-4
2	桥梁结构动态采集系统	DH5935N
3	笔记本电脑	T61

4. 试验数据处理

采用环境振动（行车激励）法进行自振特性测试，整个测试系统如图 7-16 所示。采用桥梁结构动态采集系统 DH5935N 自带软件对测试数据进行谱分析，根据频谱、自功率谱、互功率谱等确定桥梁结构的各阶自振频率。

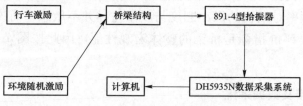

图 7-16　测试系统组成框图

7.4　荷载试验结果整理与分析

7.4.1　桥梁工作性能评定内容

经过荷载试验的桥梁，应根据整理的试验资料，分析结构的工作状况，全面评定桥梁工作性能和桥梁状况。

桥梁性能评定依据如下：一是按施工图纸建立有限元模型，计算得到的理论计算值；二是规范规定的挠度、强度和裂缝容许值。一般来说，可以结合桥梁的具体情况从以下几个方面来对桥梁承载能力进行评定。

（1）桥梁结构的试验加载效率应满足《公路桥梁承载能力检测评定规程》（JTG/T J21—2011）中 0.95～1.05 的要求，试验加载才能有效。

（2）挠度校验系数与应力校验系数是否满足《公路桥梁承载能力检测评定规程》（JTG/T J21—2011）的要求，如校验系数小于 1，则说明桥梁实际工作状况好于理论状况，桥梁承载能力满足设计要求。

校验系数 η 是评定结构工作状况、确定桥梁承载能力的一个重要指标，可以从中判定桥梁结构的承载能力的工作状态。实测桥梁校验系数 η 是试验实测值与理论计算值的应力或挠度之比，它能够反映结构的实际工作状态。

对于应力，$\eta = \dfrac{\text{实测应变}}{\text{理论应变}}$

对于挠度，$\eta = \dfrac{\text{实测挠度}}{\text{理论挠度}}$

当 $\eta \leqslant 1$ 时，说明理论计算偏于安全，结构尚有一定的安全储备，这种情况说明桥梁结构的工作状况良好。η 值越小，说明结构的安全储备越大，但 η 值不宜过大或过小。如 η 值过大，可能说明组成结构的材料强度较低，结构各部分联结性能较差，刚度较低等；η 值过小，可能说明组成结构材料的实际强度及弹性模量较大，梁桥的混凝土铺装及人行道等与主梁共同受力，支座摩擦力对结构受力的有利影响，以及计算理论或简化的计算图式偏于安全等。此外，试验加载物的称量误差、仪表的观测误差等对 η 值也有一定的影响。

（3）静载试验荷载作用下，桥梁控制截面的挠度和应力实测值与理论计算值的变化规律是否基本一致。

（4）根据加载实测结果以及与理论计算值的对比，判断桥梁理论荷载横向分布和实测荷载横向分布的差异，判断桥梁局部构件（如单梁）的实际受力状况。

实测荷载横向分布系数可根据量测截面实测的各空心板测点挠度，按式（7-2）进行计算：

$$m_i = \frac{f_i}{\sum\limits_{i=1}^{n} f_i} \tag{7-2}$$

式中　m_i——某一量测截面第 i 片空心板的荷载横向分布系数；

　　　　f_i——试验荷载作用下，某一量测截面第 i 片主梁的测点挠度；

　　　　n——空心板的片数（该桥为 8 片）。

（5）根据动载试验结果，从桥梁的自振频率、振型和阻尼比等特性来判断结果的刚度、质量分布规律以及结构耗散外部能量的能力，判断结构的动力性能。若桥梁的自振频率实测值大于理论计算值，则表明结构刚度较大，可以满足设计要求。

7.4.2　静载试验分析

1. 挠度数据分析

表 7-4 给出了工况一、工况二跨中截面的实测挠度、理论挠度值以及校验系数，图 7-17、图 7-18 分别显示了工况一、工况二跨中截面挠度实测值和理论值的比较结果。由各工况的图表比较可以看出，各空心板实测挠度值均小于理论挠度值（即挠度校验系数均小于 1），实测挠度变化趋势基本与理论挠度值相同，挠度最大值远小于《公路钢筋混凝土及预应力混凝土桥涵设计规范》（JTG D62—2004）$L/600$ 的规定；主要测点的挠度校验系数在 0.37～0.55 之间，校验系数最大值（0.56）出现在工况一第 8 号板上。

表 7-4　　　　　　　　　　　工况一、工况二实测挠度与理论挠度比较表

工况	板号	实测挠度（mm）	理论挠度（mm）	校验系数
工况一	第 1 号板	2.65	5.85	0.45
	第 2 号板	2.58	5.75	0.45
	第 3 号板	2.38	5.77	0.41
	第 4 号板	2.30	5.48	0.42
	第 5 号板	2.18	4.93	0.44
	第 6 号板	1.99	4.11	0.48
	第 7 号板	1.84	3.49	0.53
	第 8 号板	1.76	3.21	0.55
工况二	第 1 号板	1.79	4.09	0.44
	第 2 号板	1.92	4.54	0.42
	第 3 号板	1.98	4.99	0.40
	第 4 号板	2.01	5.36	0.37
	第 5 号板	2.00	5.36	0.37
	第 6 号板	1.97	4.99	0.39
	第 7 号板	1.92	4.54	0.42
	第 8 号板	1.85	4.09	0.45

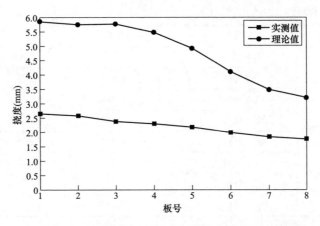

图 7-17　工况一跨中截面实测挠度与理论挠度对比图

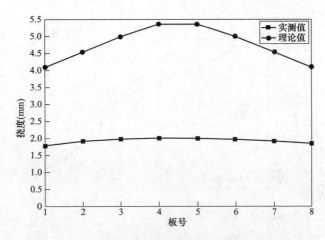

图 7-18　工况二跨中截面实测挠度与理论挠度对比图

表 7-5 与图 7-19、图 7-20 给出了工况一、工况二的跨中截面挠度横向分布系数实测值和理论值的对比结果。可以看出：各空心板的实测挠度横向分布线较为平顺，与理论横向分布线的变化趋势也基本一致。

表 7-5　　　　　　　　　　　　实测与理论挠度横向分布系数结果对比

工况	截面	板号	实测挠度横向分布	理论挠度横向分布
工况一	跨中	第 1 号板	0.150	0.152
		第 2 号板	0.146	0.149
		第 3 号板	0.135	0.150
		第 4 号板	0.130	0.142
		第 5 号板	0.123	0.128
		第 6 号板	0.113	0.107
		第 7 号板	0.104	0.090
		第 8 号板	0.100	0.083

续表

工况	截面	板号	实测挠度横向分布	理论挠度横向分布
工况二	跨中	第 1 号板	0.116	0.108
		第 2 号板	0.124	0.120
		第 3 号板	0.128	0.131
		第 4 号板	0.130	0.141
		第 5 号板	0.130	0.141
		第 6 号板	0.128	0.131
		第 7 号板	0.124	0.120
		第 8 号板	0.120	0.108

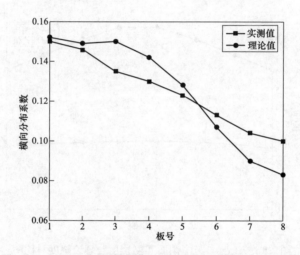

图 7-19　工况一实测挠度横向分布与理论横向分布对比图

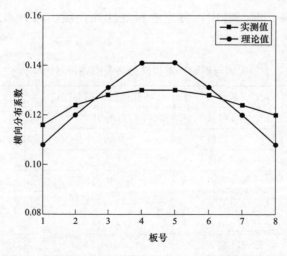

图 7-20　工况二实测挠度横向分布与理论横向分布对比图

2. 应变分析

工况一、工况二跨中截面底板外边缘应变增量实测值与理论值对比结果见表7-6，以及图7-21、图7-22所示。由此可以看出，实测应变与理论应变的变化趋势不尽相同；工况一、工况二应变校验系数在0.45～0.75之间。从应变测试结果来看，桥梁满足公路-Ⅱ级设计荷载通行要求。

表7-6 工况一、工况二实测应变和理论应变结果对比

工况	板号	实测应变（$\mu\varepsilon$）	理论应变（$\mu\varepsilon$）	校验系数
工况一	第1号板	43	83.5	0.51
	第2号板	35	77.7	0.45
	第3号板	48	83.8	0.57
	第4号板	39	79.8	0.49
	第5号板	38	72.0	0.53
	第6号板	31	52.8	0.59
	第7号板	32	42.8	0.75
	第8号板	24	34.9	0.69
工况二	第1号板	32	51.3	0.62
	第2号板	34	61.8	0.55
	第3号板	37	69.6	0.53
	第4号板	42	79.7	0.53
	第5号板	40	79.7	0.50
	第6号板	38	69.6	0.55
	第7号板	35	61.8	0.57
	第8号板	29	51.3	0.56

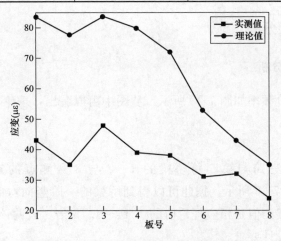

图 7-21 工况一实测应变与理论应变对比图

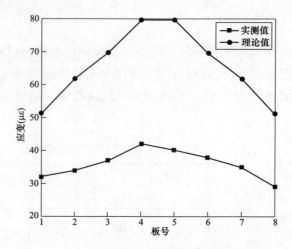

图 7-22　工况二实测应变与理论应变对比图

3. 静载试验结论

根据上述挠度、应变、残余挠度、残余应变与校验系数等桥梁工作性能指标，以及桥梁横向联系状况的分析，静载试验结论如下：

（1）各空心板跨中截面实测挠度均小于理论值，且挠度实测值与理论值沿桥梁横向的变化趋势基本相同。所有测点的挠度校验系数在 $0.37\sim0.55$ 之间，均小于 1；实测挠度最大值远小于《公路钢筋混凝土及预应力混凝土桥涵设计规范》（JTG D62—2004）$L/600$ 的规定。说明该桥的挠度能够满足设计荷载公路-Ⅱ级的通行要求。

（2）该桥的横向联结状况较为理想，理论横向分布系数和实测挠度横向分布系数基本保持一致。

（3）实测应变与理论应变的变化趋势基本相同，且应变校验系数在 $0.42\sim0.92$ 之间，均小于 1。从应变测试结果来看，该桥能满足公路-Ⅱ级设计荷载通行要求。

7.4.3　动载试验分析

1. 自振频率理论分析

理论计算竖向一阶频率如图 7-23 所示，从图中可以看出，理论计算频率为 6.01Hz。

2. 频谱分析

对应第二跨、第三跨与第四跨桥梁的 1、2 与 3 号测点的频谱分析结果分别如图 7-24、图 7-25 与图 7-26 所示，据此可以得到桥梁的一阶竖向弯曲自振频率。由表 7-7 可以看出，自振频率实测值是相应理论值的 $1.14\sim1.15$ 倍，表明该桥具有较好的动力特性，竖向动刚度满足设计要求。

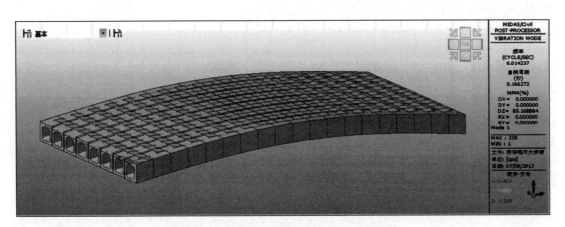

图 7-23　该桥理论计算一阶竖向振型及频率

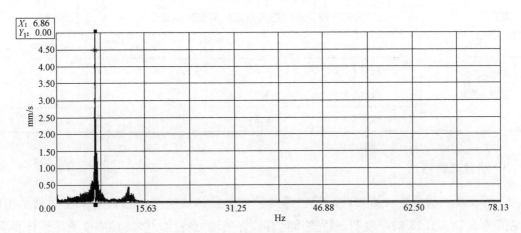

图 7-24　1 号测点（第二跨桥梁）实测一阶自振频率分析

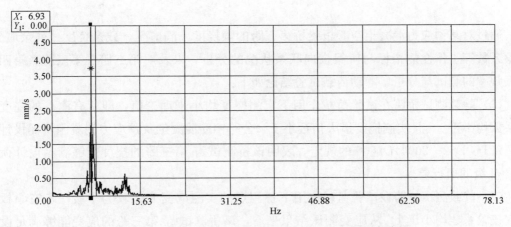

图 7-25　2 号测点（第三跨桥梁）实测一阶自振频率分析

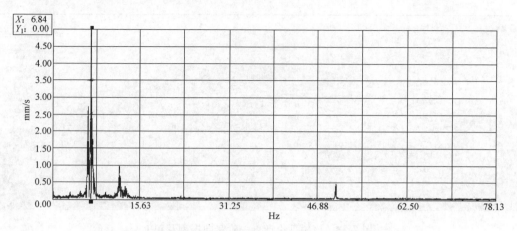

图 7-26　3 号测点（第四跨桥梁）实测一阶自振频率分析

表 7-7		实测与理论一阶竖向自振频率测试结果		（单位：Hz）
项目	实测		理论	比值
竖向一阶频率	测点 1	6.86	6.01	1.14
	测点 2	6.93		1.15
	测点 3	6.84		1.14

3. 动载试验结论

该桥动载测试桥跨（第二跨、第三跨与第四跨）的一阶竖向自振频率实测值是相应理论值的 1.14～1.15 倍，表明该桥整体具有较好的动力特性，竖向动刚度满足设计要求。

7.5　结论

通过对某预应力混凝土空心板梁桥第三跨的静挠度、静应变、残余挠度、残余应变、校验系数等工作性能指标与桥梁横向联系状况的分析，以及对第二跨、第三跨、第四跨自振频率的测试与分析，静动荷载试验结论如下：

（1）静载测试桥跨在试验荷载作用下实测挠度均小于理论值，即所有测点的挠度校验系数均小于 1，且实测挠度最大值远小于《公路钢筋混凝土及预应力混凝土桥涵设计规范》（JTG D62—2004)$L/600$ 的规定，表明该桥测试跨-第三跨的挠度能够满足设计荷载公路-Ⅱ级的通行要求。

（2）静载测试桥跨在试验荷载作用下各测点的实测应变变化较为平缓，各空心板的应变校验系数均小于 1。从应变测试结果来看，该桥测试跨-第三跨的应变能够满足设计荷载公路-Ⅱ级的通行要求。

（3）静载测试跨在加载测试过程中，未发现梁体产生明显的裂缝，说明测试跨上部结构的抗裂性能满足要求。

（4）第二跨、第三跨与第四跨一阶竖向自振频率实测值分别是相应理论值的 1.14、1.15 与 1.14 倍，表明该桥整体具有较好的动力特性，竖向动刚度满足设计要求。

综上所述，该桥上部结构的挠度、应变和整体动力性能满足设计荷载公路-Ⅱ级的通行要求。

第8章

某预应力混凝土 T 梁桥静动载试验检测

8.1　工程概况

某预应力混凝土 T 梁桥一桥（见图 8-1）和二桥，上部结构采用 4×30m 预制预应力混凝土简支 T 梁（桥面连续），下部结构采用桩柱式桥墩及桥台；三桥上部结构采用 5×30m 预制预应力混凝土简支 T 梁（桥面连续），下部结构采用桩柱式桥墩及桥台。

图 8-1　一桥全貌

三座桥每跨上部结构均由 6 片 T 梁组成，T 梁高 2.1m，翼缘宽 1.6m（见图 8-2），采用 C50 混凝土；桥面净宽 8.5m，全宽 9.6m，两侧各设 0.5m 防撞护栏（见图 8-3）。桥梁主要技术指标：

(1) 设计车道：双向两车道；

(2) 设计荷载：公路-Ⅱ级；

(3) 桥面横坡：采用双向 1.5%。

为明确检测对象，对三座桥梁各跨编号定义如下：一桥从省道 331 侧至 A 大桥侧，依次记为①孔、②孔、③孔和④孔，如图 8-4 所示；二桥从省道 331 侧至 A 大桥侧，依次记为①孔、②孔、③孔和④孔，如图 8-5 所示；三桥从省道 331 侧至 A 大桥侧，依次记为①孔、②孔、③孔、④孔和⑤孔，如图 8-6 所示。

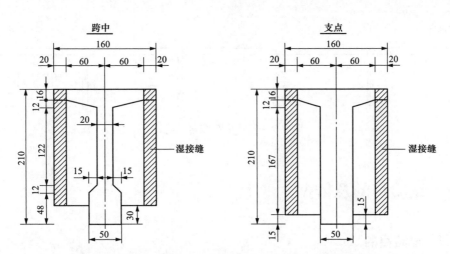

图 8-2 预应力混凝土 T 梁（中梁）截面图（单位：cm）

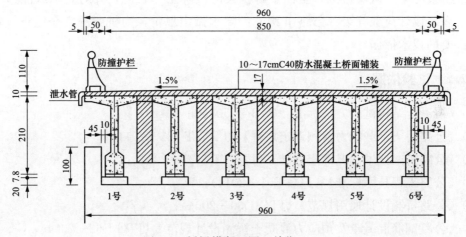

图 8-3 桥梁横断面图（单位：cm）

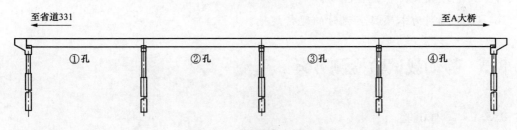

图 8-4 一桥桥跨编号示意图

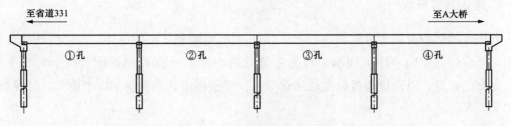

图 8-5 二桥桥跨编号示意图

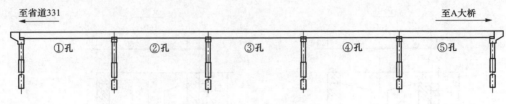

图 8-6 三桥桥跨编号示意图

8.2 试验目的及依据

8.2.1 试验目的

通过桥梁静动载试验检测，全面了解桥梁的实际工作状态，并对其承载能力及工作性能能否满足设计荷载等级（公路-Ⅱ级）的要求做出评价，为桥梁的安全运行、养护管理提供必要的技术依据。

8.2.2 试验依据

（1）《混凝土结构试验方法标准》（GB/T 50152—2012）；

（2）《公路桥梁承载能力检测评定规程》（JTG/T J21—2011）；

（3）《公路桥梁技术状况评定标准》（JTG/T H21—2011）；

（4）《公路工程技术标准》（JTG B01—2014）；

（5）《公路桥涵设计通用规范》（JTG D60—2004）；

（6）《公路钢筋混凝土及预应力混凝土桥涵设计规范》（JTG D62—2004）；

（7）其他相关文件、施工图等。

注：上述所列为本项目实施时的现行规范。

8.3 静动载试验检测方案

8.3.1 静载试验

1. 理论计算分析

利用桥梁结构有限元分析软件 Midas Civil 对所检测的三座桥进行空间结构计算分析，采用梁格法建立空间有限元模型，在各主梁的跨中和四分点控制截面处，永久支座处，腹板宽度变化处，以及横隔板设置处建立节点。全桥模型共划分为 293 个单元。计算模型如图 8-7 所示。

T 梁混凝土强度为 C50，容重取 $26kN/m^3$，弹性模量取 3.45×10^4 MPa；考虑桥面铺

装层参与结构受力，近似计13cm厚C40混凝土；两侧人行道和栏杆重合计取9.5kN/m；预应力筋为高强低松弛1860MPa级钢绞线，公称直径15.20mm，弹性模量取1.95×10^5MPa，纵向布置如图8-8所示。支座采用节点弹性支承模拟，并与梁端节点刚性连接，如图8-9所示。

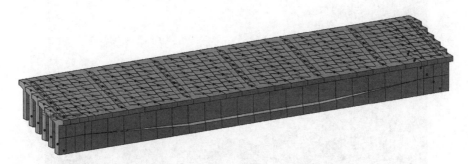

图8-7　一桥Midas Civil有限元模型

图8-8　一桥有限元模型预应力钢筋布置示意图

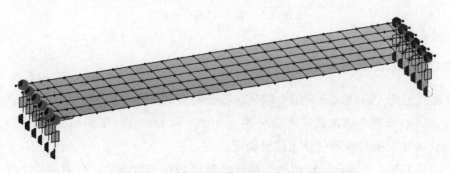

图8-9　一桥有限元模型边界条件示意图

2. 测试项目和测试截面

根据三座桥梁现场脚手架搭设条件，经委托单位及监理单位确认，特选取有代表性的一桥①孔（见图8-10）作为静载试验测试跨，选取T梁跨中截面作为弯矩和挠度最不利控制截面，各片 T 梁编号如图 8-11 所示。静载试验检测主要通过观测在试验荷载作用下跨中控制截面的应变、挠度、残余应变、残余挠度等性能指标，来评定桥梁的实际工作性能。

图 8-10　一桥桥孔跨径布置示意图

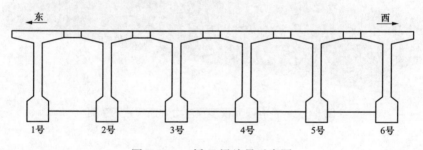

图 8-11　一桥 T 梁编号示意图

3. 加载形式及工况

（1）加载形式。静载试验采用 2 辆装满石子的自卸货车作为加载车辆进行等效加载，如图 8-12 所示，实测 2 辆加载车车重分别为 45.0t 和 44.9t。车辆间距和布置位置通过 Midas Civil 试算纵横向最不利分布位置确定。

（2）加载工况。根据设计规范汽车荷载公路-Ⅱ级的布置方式，分为两种工况。

1）工况一：横向偏载，纵向按跨中截面弯矩最不利位置，根据设计荷载（考虑冲击系数）等效布载；

2）工况二：横向中载，纵向按跨中截面弯矩最不利位置，根据设计荷载（考虑冲击系数）等效布载。

工况一、工况二的静载效率系数分别见表 8-1，满足检测要求。

图 8-12　45t 加载车轴重分布图

表 8-1　　　　　　　工况一、工况二跨中截面弯矩静载效率系数一览表

项目		弯矩（kN·m）		加载效率
		设计荷载（公路-Ⅱ级）	加载车辆	
工况一	1号T梁跨中截面	1365	1370	1.00
工况二	3号T梁跨中截面	1018	1026	1.01

4. 试验车辆布置

静载试验工况一、二的试验车辆平面布置如图 8-13 和图 8-14 所示。

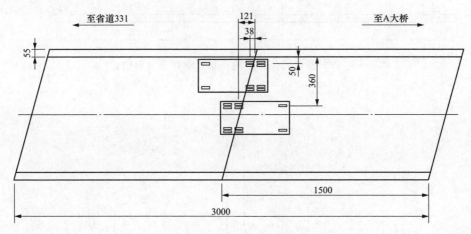

图 8-13　工况一试验车布置示意图（单位：cm）

5. 测点布置

该次静载试验挠度测点和应变测点布置分别如图 8-15 与图 8-16 所示，其中挠度测点

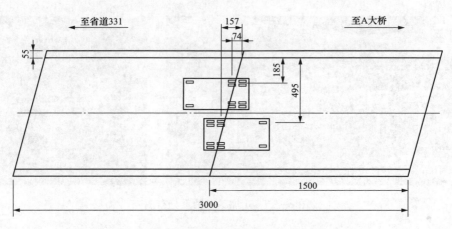

图 8-14　工况二试验车布置示意图（单位：cm）

在测试桥跨 1～6 号 T 梁跨中截面、两端支点截面各布置 1 个，共计 18 个测点；应变测点在测试桥跨 1～6 号 T 梁跨中截面下边缘各布置 2 个，共计 12 个测点。

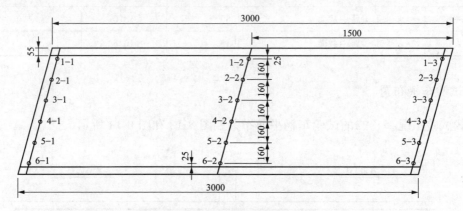

图 8-15　静载测试跨位移计测点布置示意图（单位：cm）

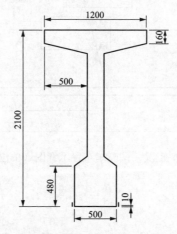

图 8-16　静载测试跨跨中截面应变计测点布置图（单位：mm）

6. 主要测试仪器和元件

该次静载试验采用的主要检测仪器与元件见表 8-2。

表 8-2   静荷载试验检测仪器一览表

序号	仪器名称	工作内容或用途
1	桥梁结构挠度与应力数据采集系统（见图 8-17）	挠度、应变数据采集
2	应变传感器（见图 8-18）	应变量测
3	位移传感器（见图 8-19）	挠度量测

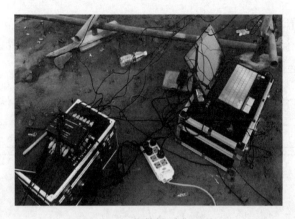

图 8-17 载数据采集系统

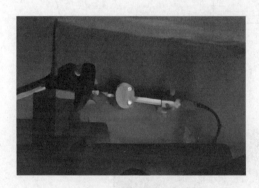

图 8-18 应变传感器

图 8-19 位移传感器

8.3.2 动载试验

1. 试验目的及内容

动载试验目的见 7.3.2 节，具体包括以下内容：

（1）脉动试验。采用高灵敏度的振动传感器和放大器测量桥梁在环境激励作用下的振动信号，然后对记录到的数据进行多次平均谱分析，以改善信号谱分析的精度，获得桥梁结构的自振频率、振型等动力参数。

（2）跑车试验。采用一辆重 30t 的货车分别以 10、20、30、40km/h 的速度匀速通过桥跨结构，记录运行车辆荷载下的桥梁跨中截面动力响应，获得桥梁结构的冲击系数。

（3）跳车试验。采用试验车辆的后轮从三角垫块上突然下落对桥梁产生冲击作用，记录跳车作用下的桥梁跨中截面动力响应，通过自由衰减振动曲线数据拟合获得桥梁结构的阻尼参数。

2. 测点布置

对于脉动试验，在每一孔的 1~6 号 T 梁跨中截面各布置 1 个高灵敏度竖向拾振器，同时在 3 号 T 梁的 2 个四分点处各布置 1 个高灵敏度竖向拾振器，每孔测点共计 8 个（见图 8-20、图 8-21），全桥共计 12 孔。

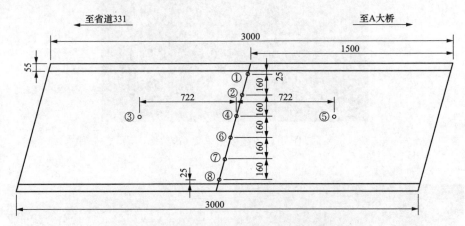

图 8-20　单孔桥梁脉动试验拾振器平面布置示意图

图 8-21　桥梁动载试验拾振器安装

对于行车（跑车、跳车）激励试验，考虑到试验车辆需在桥面经过，为避免碾压数据接收导线，仅在每孔1～3号T梁跨中截面各布置1个高灵敏度竖向拾振器，同时在3号T梁的一个四分点布置1个高灵敏度竖向拾振器，每孔测点共计4个（见图8-22），全桥共计3孔（一桥①孔、二桥①孔，三桥②孔）。

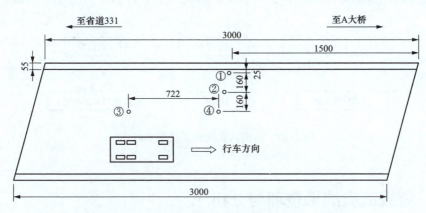

图 8-22　行车试验拾振器沿桥梁纵向的平面布置图

3. 主要测试仪器与元件

该次动载试验采用的主要测试仪器与元件见表8-3。

表 8-3　　　　　　　　　　　　　　　　动载试验主要测试仪器

序号	仪器名称	工作内容或用途
1	桥梁结构动态采集系统（见图8-23）	振动数据采集
2	竖向拾振器	振动速度量测
3	三角垫块（见图8-24）	跳车试验配件

图 8-23　动载试验数据采集系统

图 8-24　跳车试验采用的三角垫块

4. 试验数据处理方法

环境随机激励或行车激励作用下的桥梁结构振动响应测试系统组成如图 8-25 所示。通过测试数据频域分析,根据频谱、自功率谱、互功率谱等确定桥梁结构的自振频率、振型等;通过测试数据时域分析,获得桥梁结构的阻尼、冲击系数等动力参数。

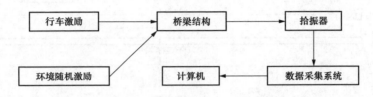

图 8-25　动载试验测试系统组成框图

8.4　荷载试验结果整理与分析

8.4.1　静载试验结果分析

1. 挠度

表 8-4 给出了工况一、工况二测试桥跨各片 T 梁跨中截面的实测挠度、理论挠度值以及校验系数,表 8-5 给出了工况一、工况二各片 T 梁跨中截面的实测挠度和残余挠度值;图 8-26、图 8-27 分别显示了工况一、工况二跨中截面挠度实测值和理论值的对比结果。由此可以看出,测试桥跨各片 T 梁实测挠度值均小于理论挠度值(即挠度校验系数均小于 1),实测挠度变化趋势与理论挠度基本相同,挠度最大值远小于《公路钢筋混凝土及预应力混凝土桥涵设计规范》(JTG D62—2004)限值($L/600$)的规定;主要测点的挠度校验系数在 0.50~0.66 之间,校验系数最大值(0.66)出现在工况一 6 号 T 梁和工况二 3 号 T 梁上;各截面相对残余挠度最大值仅有 5.17%,远小于 20%。

表 8-4　　　　　　　　　　　工况一、工况二实测挠度与理论挠度对比

工况	梁号	实测最大挠度(mm)	理论挠度(mm)	校验系数
工况一	1 号	2.38	4.35	0.55
	2 号	2.23	3.90	0.57
	3 号	2.02	3.41	0.59
	4 号	1.77	2.90	0.61
	5 号	1.51	2.33	0.65
	6 号	1.16	1.77	0.66

续表

工况	梁号	实测最大挠度（mm）	理论挠度（mm）	校验系数
工况二	1号	1.64	3.03	0.54
	2号	1.92	3.12	0.62
	3号	2.09	3.18	0.66
	4号	2.05	3.18	0.64
	5号	1.82	3.12	0.58
	6号	1.52	3.03	0.50

表 8-5　　　　　　　　　工况一、工况二实测残余挠度表

工况	梁号	实测最大挠度（mm）	残余挠度（mm）	残余挠度/最大挠度（%）
工况一	1号	2.38	0.06	2.52
	2号	2.23	0.04	1.79
	3号	2.02	0.04	1.98
	4号	1.77	0.02	1.13
	5号	1.51	0.04	2.65
	6号	1.16	0.06	5.17
工况二	1号	1.64	0.03	1.83
	2号	1.92	0.03	1.04
	3号	2.09	0.05	2.39
	4号	2.05	0.03	1.46
	5号	1.82	0.01	0.55
	6号	1.52	0.02	1.32

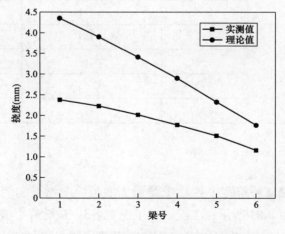

图 8-26　工况一跨中截面实测挠度与理论挠度对比

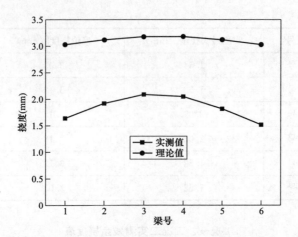

图 8-27　工况二跨中截面实测挠度与理论挠度对比

表 8-6 和图 8-28、图 8-29 给出了工况一、工况二各片 T 梁跨中截面挠度横向分布系数实测值和理论值的对比结果。可以看出，各片 T 梁的实测挠度横向分布线较为平顺，与理论横向分布线的变化趋势也基本一致。

表 8-6　　　　　　　　　　　　　实测与理论挠度横向分布系数结果对比

工况	截面	梁号	实测挠度横向分布	理论挠度横向分布
工况一	跨中	1号	0.215	0.233
		2号	0.201	0.209
		3号	0.182	0.183
		4号	0.160	0.155
		5号	0.136	0.125
		6号	0.105	0.095
工况二	跨中	1号	0.149	0.162
		2号	0.174	0.167
		3号	0.189	0.170
		4号	0.186	0.170
		5号	0.165	0.167
		6号	0.138	0.162

2. 应变

工况一、工况二测试桥跨跨中各片 T 梁截面底板应变增量实测值与理论值对比结果如表 8-7 及图 8-30、图 8-31 所示；工况一、工况二各片 T 梁跨中截面底板应变增量实测最大值与残余值见表 8-8。由此可以看出，各片 T 梁实测应变与理论应变的变化趋势基本

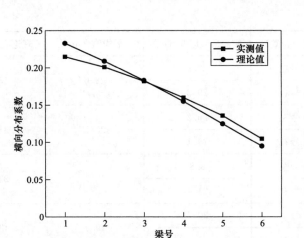

图 8-28　工况一实测挠度横向分布与理论横向分布对比

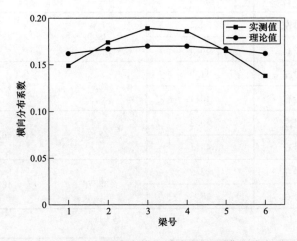

图 8-29　工况二实测挠度横向分布与理论横向分布对比

相同；工况一、工况二应变校验系数在 0.65～0.92 之间，校验系数最大值（0.92）出现在工况二 5 号 T 梁上；各截面相对残余应变均小于 20%。

表 8-7　　　　　　　　工况一、工况二实测应变和理论应变结果对比

工况	梁号（位置）	实测最大应变（με）	平均值（με）	理论应变（με）	校验系数
工况一	1号左	49.1	49.0	64.7	0.76
	1号右	48.8			
	2号左	42.8	45.4	57.7	0.79
	2号右	48.0			
	3号左	41.6	41.0	51.7	0.79
	3号右	40.4			

127

工况	梁号（位置）	实测最大应变（με）	平均值（με）	理论应变（με）	校验系数
工况一	4 号左	27.9	28.6	43.7	0.65
	4 号右	29.3			
	5 号左	26.2	25.7	33.7	0.76
	5 号右	25.1			
	6 号左	8.8	15.1	23.2	0.65
	6 号右	21.4			
工况二	1 号左	30.7	29.4	43.1	0.68
	1 号右	28.1			
	2 号左	35.3	35.6	46.2	0.77
	2 号右	35.9			
	3 号左	39.5	38.9	48.0	0.81
	3 号右	38.2			
	4 号左	41.9	42.5	47.8	0.89
	4 号右	43.1			
	5 号左	40.2	42.7	46.2	0.92
	5 号右	45.1			
	6 号左	32.9	35.7	42.9	0.83
	6 号右	38.5			

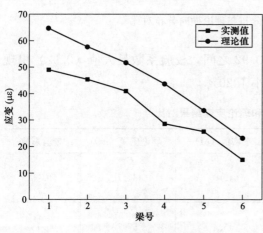

图 8-30　工况一实测应变与
理论应变对比图

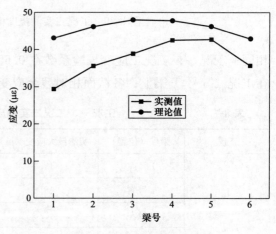

图 8-31　工况二实测应变与
理论应变对比图

表 8-8 工况一、工况二实测残余应变表

工况	梁号	实测最大应变（με）	残余应变（με）	残余应变/最大应变（%）
工况一	1号	49.0	3.7	7.55
	2号	45.4	4.3	9.47
	3号	41.0	4.1	10.00
	4号	28.6	1.1	3.85
	5号	25.7	2.0	7.78
	6号	15.1	0.7	4.64
工况二	1号	29.4	4.6	15.65
	2号	35.6	4.5	12.64
	3号	38.9	0.6	1.54
	4号	42.5	3.8	8.94
	5号	42.7	5.7	13.35
	6号	35.7	2.8	7.84

3. 静载试验结论

根据上述一桥①孔的挠度、应变，残余挠度、残余应变，挠度、应变校验系数等桥梁工作性能指标，以及桥梁各片 T 梁横向联系状况的分析，得到以下结论：

（1）一桥①孔各片 T 梁跨中截面实测挠度均小于理论值，且挠度实测值与理论值沿桥梁横向的变化趋势基本相同；所有测点的挠度校验系数在 0.50～0.66 之间，均小于1；实测挠度最大值远小于《公路钢筋混凝土及预应力混凝土桥涵设计规范》（JTG D62—2004）限值（$L/600$）的规定；各截面相对残余挠度均小于20%。从静载试验挠度测试结果来看，一桥①孔能满足公路-Ⅱ级设计荷载通行要求。

（2）一桥①孔各片 T 梁横向联结状况较为理想，荷载横向分布理论系数与实测挠度横向分布系数基本保持一致。

（3）一桥①孔各片 T 梁实测应变与理论应变的变化趋势基本相同，且应变校验系数在 0.65～0.92 之间，均小于1，各截面相对残余应变均小于20%。从静载试验应变测试结果来看，一桥①孔能满足公路-Ⅱ级设计荷载通行要求。

8.4.2 动载试验分析

1. 动力特性理论分析

桥梁动力特性分析应正确定义结构的质量信息，对 Midas Civil 静力计算有限元模型做如下调整：将结构自重转化成质量，并将二期恒载转化为等效的质量效应。经计算得到桥梁

一阶竖向振型如图 8-32 所示，从图中可以看出，桥梁一阶竖向频率理论计算值为 5.51Hz。

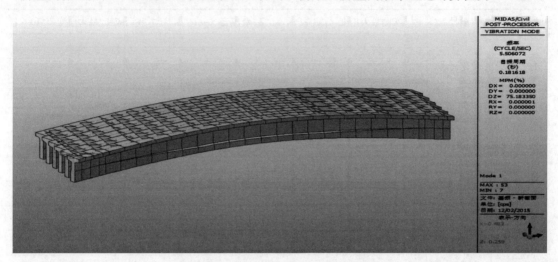

图 8-32　理论计算一阶竖向振型及频率

2. 自振频率

对应一桥①孔 8 个振动测点的时域与频谱分析结果如图 8-33 所示，并且给出一桥其余跨、二桥和三桥所有跨的时域与频谱分析结果。据此可以得到桥梁的一阶竖向弯曲自振频率，三座桥梁自振频率实测值分别见表 8-9～表 8-11。与有限元计算结果对比分析可知，自振频率实测值是相应理论值的 1.11～1.14 倍，表明该项目所检测的三座桥均具有良好的动力特性，竖向动刚度满足设计要求。

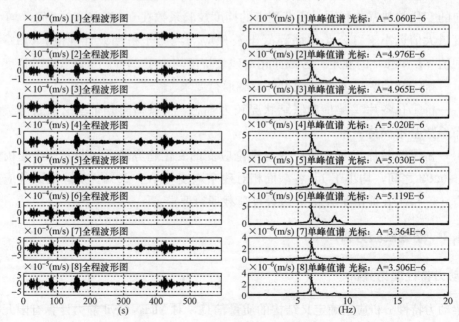

图 8-33　一桥①孔实测一阶自振频率

表 8-9　　　　　　　　　　　　一桥一阶竖向自振频率实测与理论值对比

项目	实测值（Hz）		理论值（Hz）	比值
一桥竖向 一阶频率	①孔	6.20	5.51	1.13
	②孔	6.25		1.13
	③孔	6.28		1.14
	④孔	6.28		1.14

表 8-10　　　　　　　　　　　　二桥一阶竖向自振频率实测与理论值对比

项目	实测值（Hz）		理论值（Hz）	比值
二桥竖向 一阶频率	①孔	6.20	5.51	1.13
	②孔	6.15		1.12
	③孔	6.25		1.13
	④孔	6.20		1.13

表 8-11　　　　　　　　　　　　三桥一阶竖向自振频率实测与理论值对比

项目	实测值（Hz）		理论值（Hz）	比值
三桥竖向 一阶频率	①孔	6.25	5.51	1.13
	②孔	6.25		1.13
	③孔	6.15		1.12
	④孔	6.13		1.11

3. 阻尼比

图 8-34 给出了一桥①孔通过拟合跳车激励下自由振动衰减包络线获得桥梁阻尼比的分析示意图，据此得到一桥①孔的一阶竖向弯曲模态阻尼比测试结果为 1.50%。三座桥梁的阻尼比实测值见表 8-12。从阻尼比实测结果看来，该项目所检测的三座桥梁的阻尼比均在正常范围内。

表 8-12　　　　　　　　　　　　三座桥梁一阶竖向阻尼比测试结果

项目		实测值
阻尼比	一桥	1.50%
	二桥	1.40%
	三桥	1.65%

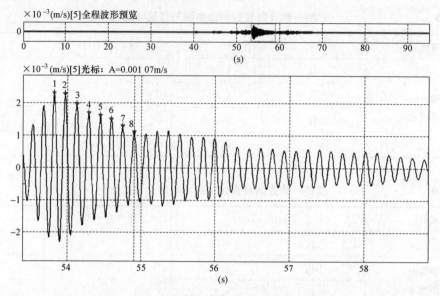

图 8-34　跳车激励下一桥①孔阻尼比分析图

4. 振型

图 8-35～图 8-37 分别给出了三座桥梁各孔一阶竖向弯曲振型实测与理论对比，由图

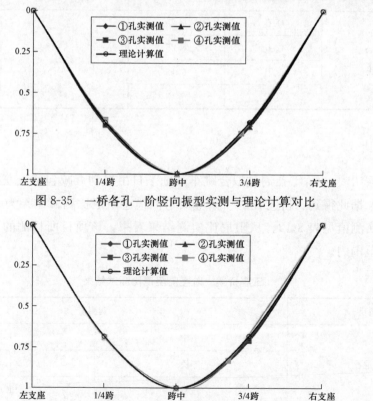

图 8-35　一桥各孔一阶竖向振型实测与理论计算对比

图 8-36　二桥各孔一阶竖向振型实测与理论计算对比

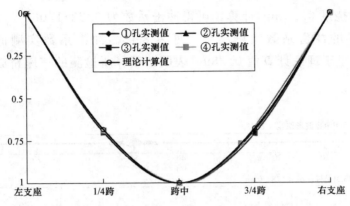

图 8-37　三桥各孔一阶竖向振型实测与理论计算对比

可知，三座桥梁所有动载测试孔的实测振型与理论计算振型基本一致。表 8-13 给出了三座桥各片 T 梁跨中位置处一阶竖向振型节点坐标横向对比结果，从表中可以看出，各片 T 梁的跨中截面一阶竖向振型节点坐标基本一致，说明横桥向各片 T 梁刚度基本一致，且桥梁整体性较好。

表 8-13　　　　三座桥梁各片 T 梁跨中截面一阶竖向振型节点坐标对比结果

桥梁名称	桥跨	1号T梁	2号T梁	3号T梁	4号T梁	5号T梁	6号T梁
一桥	①孔	0.99	0.94	0.96	0.98	0.98	1
	②孔	1	0.98	0.97	0.98	0.98	0.99
	③孔	0.91	0.91	0.92	0.95	0.97	1
	④孔	1	0.97	0.95	0.93	0.91	0.9
二桥	①孔	1	0.99	0.98	0.98	0.98	0.99
	②孔	0.92	0.93	0.94	0.96	0.97	1
	③孔	1	0.98	0.98	0.98	0.98	0.99
	④孔	0.95	0.95	0.96	0.97	0.98	1
三桥	①孔	0.99	0.98	0.98	0.98	0.99	1
	②孔	0.96	0.96	0.96	0.98	0.98	1
	③孔	0.97	0.96	0.97	0.98	0.98	1
	④孔	0.98	0.97	0.97	0.98	0.98	1

5. 冲击系数

图 8-38～图 8-41 分别给出了一桥①孔跨中截面在不同速度跑车激励下桥梁振动测点的动挠度时程曲线，三座桥的在不同行车速度下的实测动挠度见表 8-14。以一

桥①孔为例，在 1 辆 30t 车辆静载作用下 3 号 T 梁的静挠度为 1.08mm，取 20km/h 所对应的最大动挠度 0.22mm 计算，可得冲击系数为 0.22/1.08＝0.204。据此汇总给出了三座桥梁的冲击系数实测结果，见表 8-15。冲击系数实测值处在 0.120～0.259 之间，均小于理论计算值 0.289，表明该项目所检测的三座桥梁均具有较好的行车舒适性。

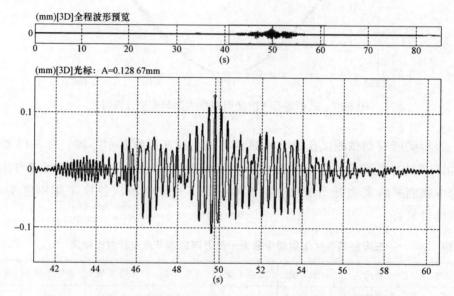

图 8-38 速度 10km/h 跑车激励下一桥①孔跨中截面动挠度时程曲线

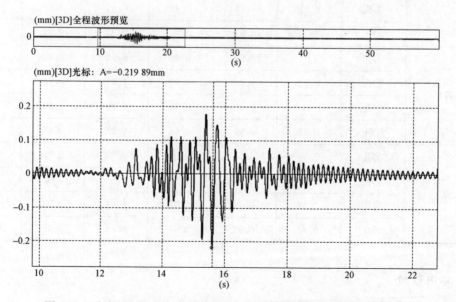

图 8-39 速度 20km/h 跑车激励下一桥①孔跨中截面动挠度时程曲线

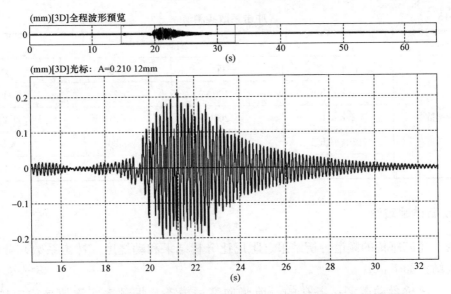

图 8-40　速度 30km/h 跑车激励下一桥①孔跨中截面动挠度时程曲线

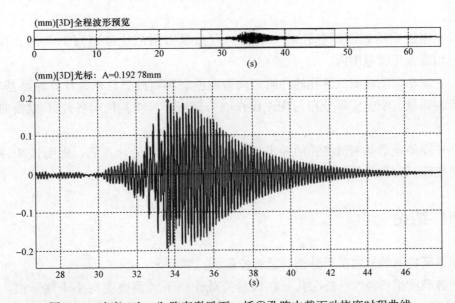

图 8-41　速度 40km/h 跑车激励下一桥①孔跨中截面动挠度时程曲线

表 8-14	最大动挠度实测值			
项目	实测值（mm）			
	行车速度	一桥	二桥	三桥
最大动挠度	10km/h	0.13	0.24	0.14
	20km/h	0.22	0.28	0.23
	30km/h	0.21	0.22	0.20
	40km/h	0.19	0.23	0.19

表 8-15   冲击系数实测值

项目	实测值			
	行车速度	一桥	二桥	三桥
冲击系数	10km/h	0.120	0.222	0.130
	20km/h	0.204	0.259	0.213
	30km/h	0.194	0.204	0.185
	40km/h	0.176	0.213	0.176

6. 动载试验结论

根据上述三座桥的频谱分析结果、阻尼比分析结果和动挠度（冲击系数）分析结果，动载试验结论如下：

（1）三座桥梁动载测试各孔的一阶竖向弯曲模态自振频率实测值是相应理论值的 1.11～1.14 倍，表明本项目所检测的三座桥梁均具有较好的动力特性，竖向动刚度满足设计要求。

（2）三座桥梁动载测试各孔的一阶竖向弯曲模态阻尼比分别为 1.50%、1.40% 和 1.65%，均落在正常范围内。

（3）三座桥梁动载测试各孔的一阶竖向弯曲模态实测振型与理论计算振型基本一致，表明桥梁的质量、刚度实际分布与理论设计吻合较好，且单孔桥梁各片 T 梁横向联结状况良好。

（4）三座桥梁动载测试各孔的冲击系数实测值小于理论计算值，表明该项目所检测的三座桥梁均具有较好的行车舒适性。

8.5 结论

该项目所检测的三座桥梁静动载试验检测结论如下：

（1）静载测试桥跨（一桥①孔）在试验荷载作用下实测挠度均小于理论值，即所有测点的挠度校验系数均小于 1，且实测挠度最大值远小于《公路钢筋混凝土及预应力混凝土桥涵设计规范》（JTG D62—2004）$L/600$ 的规定，表明一桥①孔的挠度能够满足设计荷载公路-Ⅱ级的通行要求。

（2）静载测试桥跨（一桥①孔）在试验荷载作用下各测点实测应变均小于理论值，即所有测点的应变校验系数均小于 1。从应变测试结果来看，表明一桥①孔的应变能够满足设计荷载公路-Ⅱ级的通行要求。

（3）静载测试桥跨（一桥①孔）整个加载过程未检测到混凝土开裂现象，表明一桥①孔上部结构的抗裂性能满足规范要求。

（4）动载测试各孔的一阶竖向弯曲模态自振频率实测值是相应理论值的 1.11～1.14

倍，表明该项目所检测的三座桥梁均具有较好的动力特性，竖向动刚度满足设计要求。

（5）动载测试各孔的一阶竖向弯曲模态阻尼比 $1.40\%\sim1.65\%$，均落在正常范围内。

（6）动载测试各孔的一阶竖向弯曲模态实测振型与理论计算振型基本一致，表明桥梁的质量、刚度实际分布与理论设计吻合较好，且各片 T 梁横向联结状况良好。

（7）动载测试各孔的冲击系数实测值均小于理论计算值，表明该项目所检测的三座桥梁均具有较好的行车舒适性。

综上所述，三座预应力混凝土 T 梁桥所检测桥跨上部结构的挠度、应变和整体动力性能满足设计荷载公路-Ⅱ级的通行要求。

第9章

某拱桥静动载试验检测

9.1 工程概况

某下承式拱桥跨径为（60＋110＋60)m，上部结构为预应力混凝土连续现浇箱梁，下部结构桥墩及基础采用柱式墩和钻孔桩基础，如图 9-1 所示。

图 9-1 某下承式拱桥正面照片

主桥采用变高度预应力混凝土连续箱梁。桥面宽度 56.5m，采用分离式双箱断面，每个箱室采用三室，箱室净宽为 5.3～4.85m，两侧翼缘悬臂宽 4.025m。支点平均梁高 5.5m，为主跨跨度的 1/20；跨中平均梁高 2.4m，为主跨跨度的 1/46。梁高按二次抛物线变化。箱梁顶板厚 0.3m，箱梁底板厚从 0.25m 厚渐变至 0.9m，同样按二次抛物线变化。箱梁腹板厚度为 0.25～0.9m。主桥立面如图 9-2 所示。

主桥两侧均连接引桥。主拱采用全钢结构，拱脚局部浇筑混凝土，形成组合截面。矢跨比为 1/3.82，拱轴线采用二次抛物线拟合，通过拉索与主梁和人行道挑臂连接。钢拱采用 Q345qD。边支点横梁宽度 1.5m，中支点横梁宽度 3m，箱室内考虑拱座及 0 号段支架设置局部加宽至 3.8m。纵向 5m 设置一道横隔板，横隔板厚度 0.3m；局部吊杆铺固区域加厚至 0.5m。悬臂浇筑梁段长度共划分为 3.5m 和 4.0m 两种节段。箱梁采用悬臂施工，由于桥面较宽，分箱浇筑，即两侧箱室分别进行悬臂施工，再浇筑箱间横隔板及

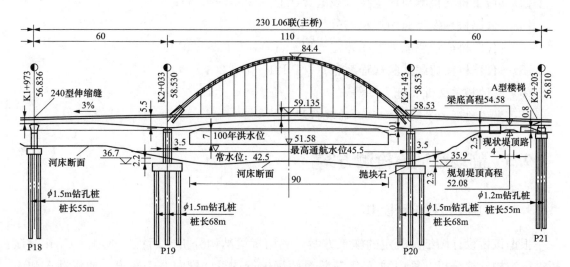

图 9-2　主桥立面图（m）

顶板。主梁采用 C50 混凝土，采用高强度钢绞线和群锚作为纵向预应力体系，采用挂篮悬浇法施工。主梁连续梁 0 号块及边跨现浇段支架上施工，1～11 号节段采用分段悬臂现浇施工，主墩墩顶 0 号块长 14.0m，两侧对称设置 12 个节段，分 3、4.5、5m 节段三种，从桥墩中心最大悬臂长度为 53.5m。主跨设置 3.0m 合龙段，边跨设置 2.5m 合龙段。

设计标准：

（1）公路等级：双向六车道高速公路。

（2）行车速度：100km/h。

（3）设计荷载：公路-Ⅰ级。

（4）主跨跨中宽（全桥最宽处）：4.0m（外挑平台）＋3.5m（人行道）＋6m（非机动车道）＋3.5m（吊杆区）＋225m（道）＋3.5（吊区）＋6m（非机动车道）＋3.5m（人行道)＋4.0m（外挑平台）＝56.5m。

9.2　试验目的及依据

9.2.1　试验目的

通过桥梁静动载试验检测，全面了解桥梁的实际工作状态，并对其承载能力及工作性能能否满足设计荷载等级（公路-Ⅰ级）的要求做出评价，为桥梁的安全运行、养护管理提供必要的技术依据。

9.2.2　试验依据

（1）《城市桥梁设计规范》（CJJ 10—2011）；

（2）《城市桥梁检测与评定技术规范》（CJJ/T 233—2015）；

（3）《公路桥涵设计通用规范》（JTG D60—2015）；

（4）《公路桥梁承载能力检测评定规程》（JTG/T J21—2011）；

（5）《公路桥梁荷载试验规程》（JTG/T J21—01—2015）；

（6）其他相关文件、施工图等。

注：上述所列为本项目实施时的现行规范。

9.3 静动载试验检测方案

9.3.1 施工过程仿真模拟

根据该桥设计图纸及既定的施工方案，利用桥梁结构分析专用程序 Midas Civil 对该桥进行结构计算分析。采用城-A 级荷载对桥梁进行计算，横向 6 个车道，非机动车和人群荷载为 3.0kPa，主梁混凝土强度采用 C50 混凝土，$E_c=3.45\times10^4$ MPa，钢拱架采用 Q345 钢，$E_s=2.06\times10^5$ MPa。Midas 模型如图 9-3 所示。活载作用下的弯矩包络图（考虑冲击）如图 9-4 所示。

图 9-3 有限元计算模型

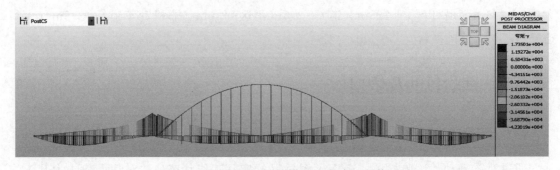

图 9-4 主梁在移动荷载作用下的弯矩包络图

根据活载作用下的内力包络图，可确定各测试控制截面，根据包络图最终确定各控制截面具体位置如图 9-5 所示。

各种材料的计算参数取值如下：

混凝土：主梁 C50，主墩 C40，承台 C30；

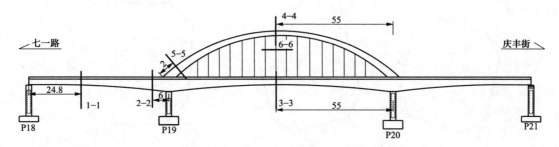

图 9-5 桥梁静载试验测试截面位置示意图（单位：m）

混凝土容重：26kN/m³；

预应力钢绞线采用 strand1860；

收缩徐变参数：依据现行规范；

测试截面的具体测试内容见表 9-1。

表 9-1 各测试截面测试项目表

截面编号	位置	测试项目
1—1	边跨最大正弯矩截面	主梁挠度、混凝土应变
2—2	中跨墩顶负弯矩截面	主梁混凝土应变
3—3	中跨最大正弯矩截面	主梁挠度、混凝土应变
4—4	拱顶最大正弯矩截面	拱顶挠度、应变
5—5	拱脚最大弯矩附近截面	拱脚应变
6—6	拱顶附近吊杆	吊杆索力

9.3.2 静荷载测点布置及试验荷载布置方式

测点应变传感器布置示意图如图 9-6～图 9-9 所示。

图 9-6 1—1 截面、3—3 截面应变测点布置图

图 9-7 2—2 截面应变测点布置图

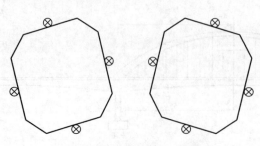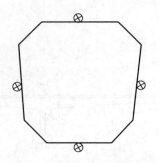

图 9-8　拱顶应变测点布置图　　　　　图 9-9　拱脚应变测点布置图

静载试验采用 18 辆 35t 三轴车作为试验加载车，车型如图 9-10 所示。

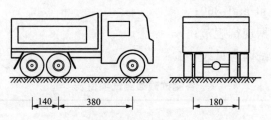

图 9-10　重车加载车型图（单位：cm）

在汽车试验荷载布置方式作用下的工况静载效率系数见表 9-2。

表 9-2　　　　　　　　　　各工况弯矩静载效率系数一览表

工况/项目	弯矩（kN·m）		加载效率	控制位置
	设计荷载	加载车辆		
工况一：边跨最大正弯矩对称加载	15 676.4	15 194.9	0.97	1—1 截面
工况二：边跨最大正弯矩右侧偏载				
工况三：主跨墩顶最大负弯矩对称加载	−25 212.4	−22 768.7	0.90	2—2 截面
工况四：主跨墩顶最大负弯矩右侧偏载				
工况五：主跨最大正弯矩对称加载	11 062.4	11 166.1	1.01	3—3 截面
工况六：主跨最大正弯矩右侧偏载				
工况七：拱顶最大正弯矩对称加载	161.5	156.8	0.97	4—4 截面
工况八：拱顶最大正弯矩右偏加载				
工况九：拱脚最大弯矩对称加载	2393.8	2210.1	0.92	5—5 截面
工况十：拱脚最大弯矩右偏加载				

9.3.3　静载试验加载程序

静载试验加载程序见 8.3.5 节，静载加载试验正式开始后的流程参见图 9-11。

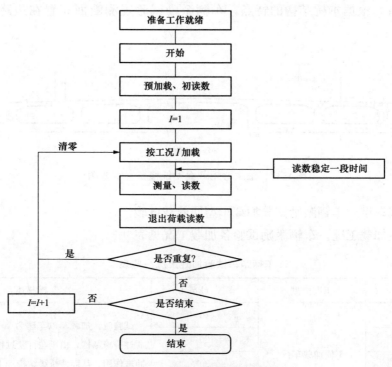

图 9-11 静载加载试验流程图

9.3.4 暂停加载或终止加载条件

试验加载应按设计的加载程序进行。加载过程中应对测点的实测数据与计算值进行比较分析。当出现下列情况之一时，应暂停加载并查找原因，在确认结构及人员安全后方可继续试验：

（1）实测的应力（应变）或变位值已达到或超过控制荷载作用下的应力（应变）或变位计算值；

（2）加载过程中结构出现新裂缝，或少量结构既有裂缝的开展宽度大于允许裂缝宽度；

（3）实测结构变位的规律与计算结果相差较大；

（4）桥体发出异常响声或发生其他异常情况。

试验过程中发生下列情况应终止加载：

（1）加载过程中结构既有裂缝的长度、宽度急剧扩展，超过裂缝宽度限值的结构裂缝大量增多，或新的结构裂缝大量出现，对结构使用寿命造成较大的影响；

（2）发生其他结构损坏，影响桥梁结构安全或正常使用。

9.3.5 动荷载测点布置及试验荷载布置方式

（1）测点布置与测试方法。跑车试验的测试截面一般选择在活载作用下结构主梁弯矩最大的位置，根据本桥结构的特点，车辆激励试验观测断面布置在边跨最大弯矩截面（见图 9-12）。

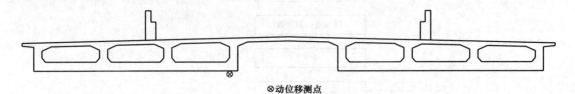

⊗动位移测点

图 9-12　最大弯矩截面动位移布置示意图

（2）加载车型。车辆激励试验加载车型同静载试验。

（3）试验加载工况。车辆激励试验各加载工况见表 9-3。

表 9-3　　　　　　　车辆跑车试验加载工况一览表

工况序号	工况类型	车速（km/h）	工况描述
工况 1		10	试验时，加载车以车速为 10~50km/h 匀速通过桥跨结构，由于在行驶过程中对桥面产生冲击作用，从而使桥梁结构产生振动。通过动力测试系统测定测试截面处的动应变时间历程曲线
工况 2		20	
工况 3	1 辆加载车行车试验	30	
工况 4		40	
工况 5		50	

（4）动载效率系数。动载效率系数见表 9-4。

表 9-4　　　　　　车辆跑车试验荷载效率

工况	弯矩（kN·m）		荷载效率	控制位置
	控制荷载	实际工况荷载		
单辆车沿桥梁中线的跑车试验	9887.4	1393.6	0.14	主桥 1—1 截面

9.4　荷载试验结果整理与分析

9.4.1　挠度数据分析

对桥梁测试截面的挠度进行了数据测试和采集，表 9-5 给出了桥梁各个工况实测弹性挠度值、理论挠度值以及主要测点的校验系数，图 9-13~图 9-15 给出了各工况的实测挠度和理论挠度比较图。由各工况的图表比较可以看出，桥梁试验跨测点的实测挠度值均小于理论挠度值，主要测点的挠度校验系数在 0.80~0.89 之间，小于 1，说明结构工作性能较好，有一定的安全储备。

表 9-5　　　　　　　　　　各工况实测挠度和理论挠度分析表

工况号	控制截面	测点编号	理论值（mm）	分级1实测值（mm）	分级2实测值（mm）	分级3实测值（mm）	实测弹性位移值（mm）	校验系数
工况一	1—1截面	1号	−7.86	−3.76	−5.45	−7.12	−6.59	0.84
		2号	−7.86	−3.71	−5.48	−7.29	−6.64	0.84
		3号	−7.86	−3.46	−5.15	−6.90	−6.33	0.81
		4号	−7.86	−3.62	−5.35	−7.07	−6.40	0.81
		5号	−7.86	−3.48	−5.37	−7.07	−6.80	0.87
工况二	1—1截面偏载	1号	−8.24	−3.73	−5.52	−7.21	−6.96	0.84
		2号	−8.06	−4.03	−5.77	−7.54	−7.19	0.89
		3号	−7.88	−3.64	−5.18	−6.90	−6.57	0.83
		4号	−7.70	−3.62	−5.18	−7.00	−6.78	0.88
		5号	−7.52	−3.49	−5.32	−6.96	−6.30	0.84
工况五	3—3截面	1号	−10.27	−4.71	−6.87	−9.14	−8.47	0.82
		2号	−10.27	−4.82	−7.01	−9.32	−9.03	0.88
		3号	−10.27	−4.84	−6.98	−9.03	−8.73	0.85
		4号	−10.27	−4.64	−6.89	−9.24	−8.84	0.86
		5号	−10.27	−4.87	−6.98	−9.38	−8.64	0.84
工况六	3—3截面偏载	1号	−11.38	−5.38	−7.83	−10.06	−9.77	0.86
		2号	−10.93	−4.95	−7.32	−9.68	−9.03	0.83
		3号	−10.48	−4.92	−6.90	−9.30	−8.89	0.85
		4号	−10.18	−4.54	−6.70	−9.02	−8.67	0.85
		5号	−9.88	−4.61	−6.73	−8.76	−8.55	0.87
工况七	4—4截面	左侧左拱圈	−3.926	−1.803	−2.515	−3.369	−3.144	0.80
		左侧右拱圈	−3.926	−1.883	−2.846	−3.768	−3.488	0.89
		右侧左拱圈	−3.926	−1.850	−2.930	−3.767	−3.507	0.89
		右侧右拱圈	−3.926	−1.764	−2.657	−3.467	−3.224	0.82
工况八	4—4截面偏载	左侧左拱圈	−3.862	−1.760	−2.588	−3.463	−3.227	0.84
		左侧右拱圈	−3.862	−1.763	−2.670	−3.467	−3.211	0.83
		右侧左拱圈	−4.064	−1.996	−2.863	−3.791	−3.441	0.85
		右侧右拱圈	−4.064	−1.822	−2.824	−3.651	−3.502	0.86

注　挠度实测值均已考虑支点沉降和温度修正，下同。

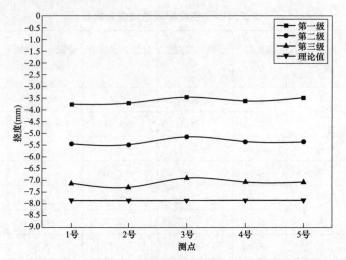

图 9-13　工况一 1—1 截面实测挠度与理论挠度对比图

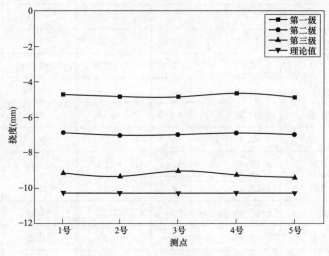

图 9-14　工况五 3—3 截面实测挠度与理论挠度对比

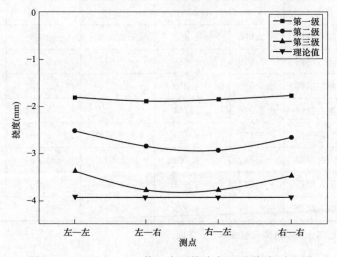

图 9-15　工况七 4—4 截面实测挠度与理论挠度对比图

9.4.2 残余挠度分析

表9-6列出了各个工况的残余挠度，从表中可以看出，相对残余挠度在2.4%～9.5%之间，均满足《城市桥梁检测与评定技术规范》（CJJ/T 233—2015）不大于20%的要求，说明桥梁试验跨受力后，变形基本能恢复到初始状态，处于弹性工作状态。

表 9-6 各工况残余挠度分析表

工况号	控制截面	测点编号	残余值（mm）	实测值（mm）	相对残余挠度（%）
工况一	1—1 截面	1号	−0.53	−7.12	7.4
		2号	−0.65	−7.29	8.9
		3号	−0.57	−6.90	8.3
		4号	−0.67	−7.07	9.5
		5号	−0.27	−7.07	3.8
工况二	1—1 截面偏载	1号	−0.25	−7.21	3.5
		2号	−0.35	−7.54	4.6
		3号	−0.33	−6.90	4.8
		4号	−0.22	−7.00	3.1
		5号	−0.66	−6.96	9.5
工况五	3—3 截面	1号	−0.67	−9.14	7.3
		2号	−0.29	−9.32	3.1
		3号	−0.30	−9.03	3.3
		4号	−0.40	−9.24	4.3
		5号	−0.74	−9.38	7.9
工况六	3—3 截面偏载	1号	−0.29	−10.06	2.9
		2号	−0.65	−9.68	6.7
		3号	−0.41	−9.30	4.4
		4号	−0.35	−9.02	3.9
		5号	−0.21	−8.76	2.4
工况七	4—4 截面	左侧左拱圈	−0.225	−3.369	6.7
		左侧右拱圈	−0.280	−3.768	7.4
		右侧左拱圈	−0.260	−3.767	6.9
		右侧右拱圈	−0.243	−3.467	7.0
工况八	4—4 截面偏载	左侧左拱圈	−0.236	−3.463	6.8
		左侧右拱圈	−0.256	−3.467	7.4
		右侧左拱圈	−0.350	−3.791	9.2
		右侧右拱圈	−0.149	−3.651	4.1

注 1. 挠度实测值均已考虑支点沉降修正。

2. 挠度实测值均已考虑温度影响修正。

9.4.3 应变数据分析

图 9-16～图 9-18 给出了某些工况的实测应变和理论应变比较图。由这些工况的图表比较可以看出，桥梁试验跨在试验荷载作用下测试截面的实测应变值均未超出理论应变值，应变的校验系数在 0.70～0.85 之间，小于 1，说明结构工作性能较好，有一定的安全储备。

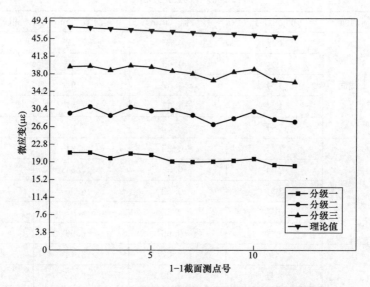

图 9-16　工况二 1—1 截面主梁底板实测应变与理论应变对比图

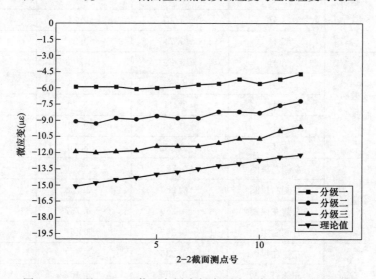

图 9-17　工况四 2—2 截面主梁底板实测应变与理论应变对比图

9.4.4 残余应变分析

桥梁试验跨测试截面部分工况残余应变测试结果见表 9-7。由表可以看出，测试截面

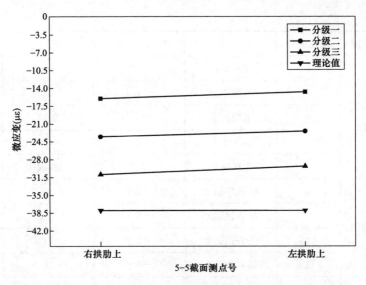

图 9-18　工况九 5—5 截面主梁底板实测应变与理论应变对比图

的相对残余应变在 2.50%～9.57%之间，相对残余应变满足《城市桥梁检测与评定技术规范》(CJJ/T 233—2015) 不大于 20% 的要求，说明桥梁试验跨受力后，应变基本能恢复到初始状态，处于弹性工作状态。

表 9-7　　　　　　　　　　各工况残余应变分析表

工况号	控制截面	测点编号	测点位置	残余值（με）	实测值（με）	相对残余应（%）
工况一	1—1 截面	1	箱内底板	2.5	38.8	6.44
		2	箱内底板	3.0	37.0	8.11
		3	箱内底板	2.4	36.3	6.61
		4	箱内顶板	−2.7	−32.1	8.41
		5	箱内顶板	−2.6	−31.7	8.20
		6	箱内顶板	−2.4	−32.1	7.48
		7	右腹板上	−1.2	−15.3	7.84
		8	右腹板下	1.8	22.4	8.04
		9	左腹板上	−1.3	−15.4	8.44
		10	左腹板下	1.6	22.4	7.14
工况二	1—1 截面偏载	1	箱内底板	2.4	39.6	6.06
		2	箱内底板	2.5	39.7	6.30
		3	箱内底板	2.6	36.2	7.18
		4	箱内顶板	−2.4	−33.8	7.10
		5	箱内顶板	−3.0	−32.2	9.32

续表

工况号	控制截面	测点编号	测点位置	残余值（$\mu\varepsilon$）	实测值（$\mu\varepsilon$）	相对残余应（%）
工况二	1—1截面偏载	6	箱内顶板	−2.5	−34.0	7.35
		7	右腹板上	−1.4	−15.1	9.27
		8	右腹板下	1.6	22.7	7.05
		9	左腹板上	−1.2	−15.2	7.89
		10	左腹板下	2.1	23.2	9.05
工况七	4—4截面	1	右-左拱肋上	−2.7	−36.2	7.46
		2	右-右拱肋上	−1.3	−35.7	3.64
		3	左-左拱肋上	−1.2	−37.2	3.23
		4	左-右拱肋上	−1.8	−35.9	5.01
工况八	4—4截面偏载	1	右-左拱肋上	−1.3	−37.1	3.50
		2	右-右拱肋上	−1.2	−39.3	3.05
		3	左-左拱肋上	−1.7	−32.7	5.20
		4	左-右拱肋上	−1.3	−34.1	3.81
工况九	5—5截面	1	右拱肋上	−1.5	−30.9	4.85
		2	右拱肋下	1.1	17.1	6.43
		3	左拱肋上	−1.2	−29.3	4.10
		4	左拱肋下	0.8	16.2	4.94
工况十	5—5截面偏载	1	右拱肋上	−1.8	−30.5	5.90
		2	右拱肋下	1.7	18.2	9.34
		3	左拱肋上	−1.5	−27.5	5.45
		4	左拱肋下	0.9	15.5	5.81

注　应变实测值均已考虑温度影响修正。

9.4.5　挠度、应变增长分析

图 9-19、图 9-20 为部分工况下控制截面主要测点挠度或应变增长曲线布图，由图可知主梁梁底挠度和应变随荷载基本呈线性增长，拱肋挠度和应变也随荷载基本呈线性增长，且曲线基本平顺，无明显增大趋势，表明控制截面受力在线性工作状态范围内。

9.4.6　应变沿梁高分布分析

图 9-21～图 9-23 为各工况下各控制截面右侧腹板代表测点应变沿梁高分布图。

在工况七及工况八中测量了跨中 4 根 9 号吊杆索力的变化量，表 9-8 给出了工况七及

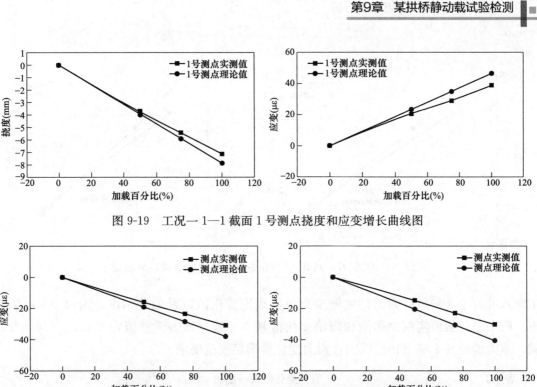

图 9-19　工况一 1—1 截面 1 号测点挠度和应变增长曲线图

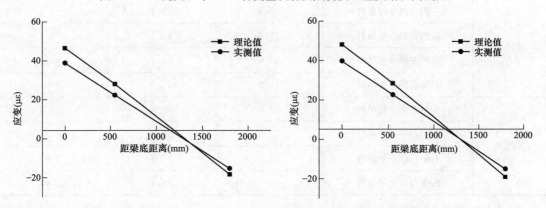

图 9-20　工况九、十 5—5 右侧左拱肋测点挠度和应变增长曲线图

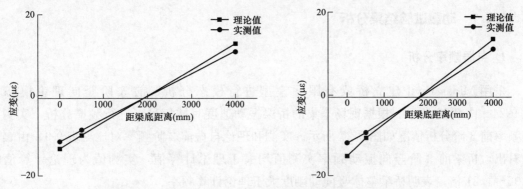

图 9-21　工况一、二 1—1 截面右侧腹板应变沿梁高分布图

图 9-22　工况三、四 2—2 截面右侧腹板应变沿梁高分布图

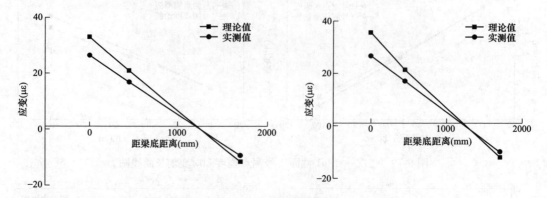

图 9-23　工况五、六 3—3 截面右侧腹板应变沿梁高分布图

工况八的跨中 9 号吊杆索力的实测变化值、理论变化值以及偏差情况。由表 9-8 可以看出，跨中吊杆索力实测变化值和理论变化值基本一致，索力偏差值在 －4.1% ~ 4.6% 之间，索力偏差基本在 ±10% 以内，索力变化量满足规范要求。

表 9-8　　　　　　　　　　　索力变化情况一览表

工况	拉索编号	实测变化值（kN）	理论变化值（kN）	偏差（%）
工况七	左侧左拱 9 号吊杆	59.1	61.1	－3.3
	左侧右拱 9 号吊杆	58.6	61.1	－4.1
	右侧左拱 9 号吊杆	63.9	61.1	4.6
	右侧右拱 9 号吊杆	62.3	61.1	2.0
工况八	左侧左拱 9 号吊杆	57.6	59.1	－2.5
	左侧右拱 9 号吊杆	57.3	59.3	－3.4
	右侧左拱 9 号吊杆	65.2	62.8	3.8
	右侧右拱 9 号吊杆	64.9	63.4	2.4

注　索力为正值代表索力增大。

9.4.7　动载试验结果分析

1. 自振频率分析

采用 Midas Civil 建立桥梁有限元模型进行模态分析，前 3 阶竖向理论模态如图 9-24~图 9-26 所示。根据现场采集的桥梁振动速度时域信号，进行频谱分析，实测自振频率前 3 阶分析情况如图 9-27 所示。实测和理论自振前 3 阶频率对比见表 9-9，由表可以看出，桥梁前 3 阶竖向振动频率实测值均大于理论计算值，实测值为理论计算值的 1.02~1.21 倍，表明桥梁整体竖向动刚度大于理论计算频率。

图 9-24 桥梁理论竖向 1 阶振型

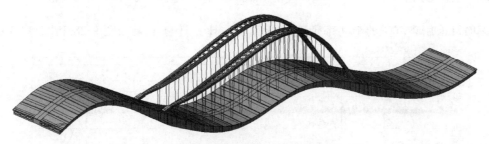

图 9-25 桥梁理论竖向 2 阶振型

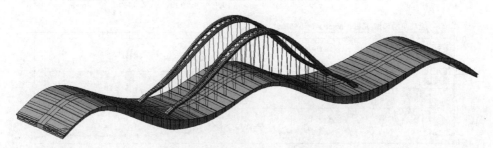

图 9-26 桥梁理论竖向 3 阶振型

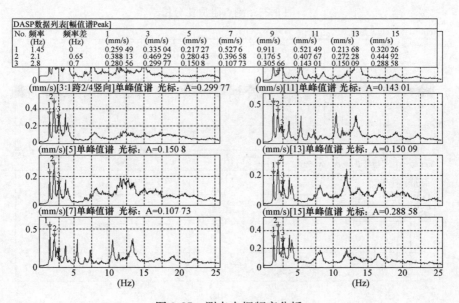

图 9-27 测点自振频率分析

表 9-9   实测与理论前 3 阶自振频率测试结果

频率阶数	实测频率（Hz）	理论频率	比值
桥梁竖向 1 阶	1.45	1.42	1.02
桥梁竖向 2 阶	2.1	1.73	1.21
桥梁竖向 3 阶	2.8	2.66	1.05

2. 阻尼比分析

该项目采用频域法的半功率带宽法计算阻尼比，计算结果如图 9-28 和图 9-29 所示，

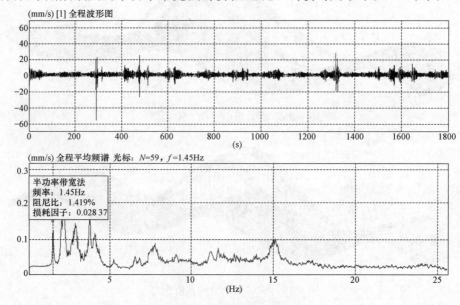

图 9-28 测点阻尼比分析

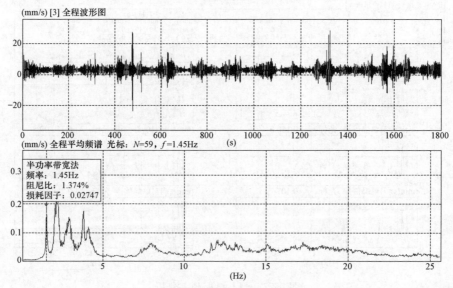

图 9-29 测点阻尼比分析

梁桥的阻尼比在 1.332%～1.419% 之间。

3. 冲击系数分析

利用桥梁动挠度测试结果，依据跑车试验下桥梁冲击系数计算方法，求得桥梁的冲击系数。梁桥的冲击系数测试结果见表 9-10，测试仪器位于最大弯矩截面位置，跑车最大速度 50km/h，最大实测冲击系数为 0.04，小于《公路桥涵设计通用规范》(JTG D60—2015) 的计算结果 0.05，说明桥梁桥面行车条件良好。

表 9-10 冲击系数测试结果

工况序号	工况类型	车速（km/h）	冲击系数
工况 1		10	0.03
工况 2		20	0.03
工况 3	1 辆加载车 行车试验	30	0.04
工况 4		40	0.04
工况 5		50	0.04

9.5 结论

9.5.1 静荷载试验结论

通过桥梁试验跨的挠度、应变、校验系数、残余挠度、残余应变等桥梁工作性能指标的分析，静载试验结论如下：

（1）各工况实测挠度值均小于理论挠度值，挠度校验系数在 0.80～0.89 之间，小于 1，说明结构工作性能较好，有一定的安全储备。

（2）各工况相对残余挠度在 2.4%～9.5% 之间，均满足《城市桥梁检测与评定技术规范》(CJJ/T 233—2015) 不大于 20% 的要求，说明桥梁试验跨受力后，变形基本能恢复到初始状态，处于弹性工作状态。

（3）桥梁试验跨在试验荷载作用下测试截面的实测应变值均未超出理论应变值，应变的校验系数在 0.70～0.85 之间，小于 1，说明结构工作性能较好，有一定的安全储备。

（4）各工况相对残余应变在 2.50%～9.57% 之间，相对残余应变满足《城市桥梁检测与评定技术规范》(CJJ/T 233—2015) 不大于 20% 的要求，说明桥梁试验跨受力后，应变基本能恢复到初始状态，处于弹性工作状态。

（5）桥梁试验跨各工况下控制截面主要测点的挠度和应变均表现为随荷载增加而增长，并接近线性变化。

（6）主要工况下主梁各控制截面应变沿梁高均接近直线变化，基本符合平截面假定。

（7）通过对跨中吊杆索力变化情况进行测试，实测索力变化值与理论索力变化值基本一致，索力偏差值在−4.1%～4.6%之间，均在±10%以内，说明索力偏差较小，处于规范允许范围内。

（8）在各工况加载过程中，未发现桥梁有异常振动、声响以及新增裂缝出现。

9.5.2　动荷载试验结论

（1）大桥前 3 阶竖向振动频率实测值均大于理论计算值，实测值为理论计算值的 1.02～1.21 倍，表明桥梁整体竖向动刚度大于理论计算频率。

（2）桥梁的阻尼比在 1.332%～1.419%之间，在常规桥梁的正常范围内。

（3）桥梁最大实测冲击系数为 0.04，小于《公路桥涵设计通用规范》（JTG D60—2015）的计算结果 0.05，说明桥梁桥面行车条件良好。

（4）大桥前 3 阶竖向振型实测结果与理论计算结果基本一致。

第10章

某斜拉桥静动载试验检测

10.1　工程概况

某斜拉桥长 327.48m，桥梁总宽度为 27m，其中行车道路面宽 2×11.75m，桥面组成为 0.5m（边护栏）＋11.75m（行车道）＋0.5m（护栏）＋1.5m（护索区）＋0.5m（护栏）＋11.75m（行车道）＋0.5m（边护栏），桥梁采用单幅设计。

主桥跨径布置为 175m＋93m＋49m，主桥采用不对称独塔单索面斜拉桥，塔梁固结。索塔高度承台以上 96m，桥面横坡为 2%。上部主梁采用混凝土箱梁，下部承台采用肋板台，索塔采用群桩基础。桥面采用 8cm 厚 C50 混凝土＋10cm 厚沥青路面。桥梁全貌图如图 10-1 所示。

图 10-1　某斜拉桥全貌图

桥梁主要设计指标如下：

（1）设计计算行车速度：100km/h。

（2）设计荷载：1.3×公路-Ⅰ级。

（3）地震动峰值加速度：＜0.17g。

（4）桥面设计纵坡：1.8%。

（5）桥面设计横坡：2.0%。

（6）桥面总宽度及组成：27m。

（7）设计洪水频率：1/300 年。

（8）结构设计安全等级：一级。

（9）预应力混凝土结构容重按 26.0kN/m³ 计。

（10）抗震设防等级为 9 度，抗震设防类别为 A 类。

（11）环境条件：该地区冬季多西北风，夏季多东南风，多年最大风速为 18m/s，年平均风速 3.0m/s 左右，年平均湿度为 66%。

10.2　试验目的及依据

10.2.1　试验目的

（1）通过静载试验，测试桥跨结构在静荷载作用下的应变、挠度、塔偏位移及索力变化等指标，对桥梁实际承载能力进行评估。

（2）通过动载试验，测定桥跨结构在动荷载作用下的自振频率、模态和阻尼比等，对结构的动力特性进行评价。

（3）根据静载和动载测试结果，综合评价该桥整体工作性能和承载力是否满足桥梁正常使用要求。

（4）评价完工后桥梁的施工质量，为项目交工验收提供技术资料。

10.2.2　试验依据

（1）《公路桥梁承载能力检测评定规程》（JTG/T J21—2011）；

（2）《公路工程技术标准》（JTG B01—2003）；

（3）《公路桥涵设计通用规范》（JTG D60—2004）；

（4）《公路斜拉桥设计细则》（JTG/T 65—01—2007）；

（5）其他相关文件、施工图等。

注：上述所列为该项目实施时的现行规范。

10.3　静载试验检测方案

10.3.1　测试项目

斜拉桥静力荷载试验主要针对其主要控制截面进行，在满足评定桥梁承载能力的前提下，加载试验项目根据桥梁结构受力特点布置。该斜拉桥的试验项目如下：

（1）检验主梁最大挠度效应；

（2）检验主梁控制截面最大内力；

（3）对索塔塔顶水平偏位进行观测；

（4）试验荷载作用下斜拉索最大拉力变化。

10.3.2　测试截面的确定

用桥梁结构分析专用程序 Midas Civil 对该桥进行结构计算分析。计算时采用 1.3 倍公路-Ⅰ级荷载加载，根据主桥车道作用下（考虑冲击）的内力包络图如图 10-2 所示。根据弯矩包络图最终确定各控制截面具体位置，各控制截面如图 10-3 所示，各测试截面测试项目见表 10-1。

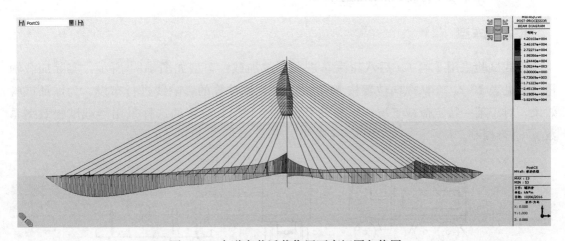

图 10-2　车道布载活载作用下弯矩图包络图

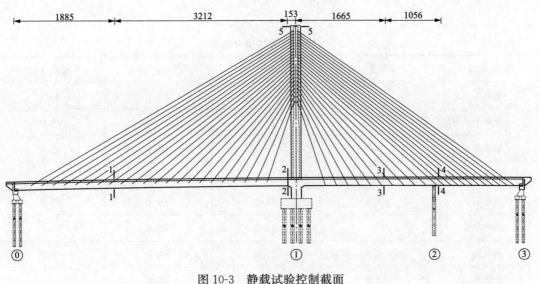

图 10-3　静载试验控制截面

159

表 10-1 各测试截面测试项目表

截面编号	位置	测试项目
1—1	主跨约 0.35L 处	挠度、1—1 截面的应变
2—2	主跨根部	2—2 截面应变
3—3	第一边跨近跨中位置	挠度、3—3 截面的应变
4—4	第二边跨根部	4—4 截面应变
5—5	塔柱顶端	塔顶偏位、最大索力

10.3.3 试验工况及加载位置确定

1. 加载车型

静载试验采用 8 辆 45t 后八轮汽车进行等效加载，车型如图 10-4 所示，实际加载轴重分布见表 10-2。车队纵向位置按 Midas Civil 软件计算的影响线进行布设，为保证试验效果，对于某一特定荷载工况，试验荷载的大小和加载位置的选择采用静载试验效率系数 η_d 进行控制。

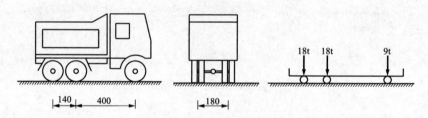

图 10-4 重车加载车型图

表 10-2 加载车实际轴重分布表

加载车编号	前轴重（t）	中轴重（t）	后轴重（t）	总重（t）
加载车 1	8.9	18.1	18.1	45.1
加载车 2	9.0	18.0	18.0	45.0
加载车 3	9.2	18.1	18.1	45.4
加载车 4	9.2	18.0	18.0	45.2
加载车 5	8.8	18.1	18.1	45.0
加载车 6	9.1	18.2	18.2	45.5
加载车 7	8.9	17.9	17.9	44.7
加载车 8	8.8	18.4	18.3	45.5

2. 加载工况

按各测试截面相应最不利位置布载，共分为6种试验荷载工况，其各个工况静载效率系数见表10-3。

表10-3   各工况弯矩静载效率系数一览表

项目		弯矩（kN·m）		加载效率 η
		设计荷载	加载车辆	
工况一	1—1截面正弯矩最不利位置（对称加载）	42 010	41 554	0.99
工况二	1—1截面正弯矩最不利位置（左侧偏载）	42 010	41 554	0.99
工况三	2—2截面负弯矩最不利位置（对称加载）	−32 072	−31 080	0.97
工况四	3—3截面正弯矩最不利位置（对称加载）	22 220	22 503	1.01
工况五	4—4截面负弯矩最不利位置（对称加载）	−20 005	−19 650	0.98
项目		位移（cm）		加载效率 η
工况六	索力测试、塔顶最大偏位（对称加载）	塔顶位移水平1.8cm	1.9cm	1.05

3. 加载位置

工况一、工况二：主跨1—1截面正弯矩最不利位置加载。

根据截面弯矩影响线，确定车辆荷载加载位置，以工况一、工况二为例，加载位置在正弯矩最不利位置1—1截面处，在主跨1—1截面影响线如图10-5所示，加载车辆位置如图10-6和图10-7所示。加载时分三级加载，首先加载3、4号车辆，其次加载2、5号车辆，最后加载1、6号车辆，卸载顺序与加载顺序相反。

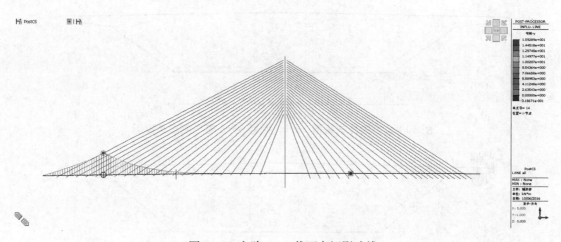

图10-5 主跨1—1截面弯矩影响线

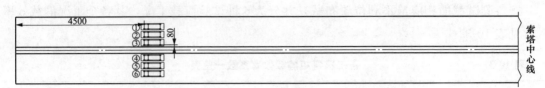

图 10-6 工况 1（1—1 截面）车辆对称加载图（单位：cm）

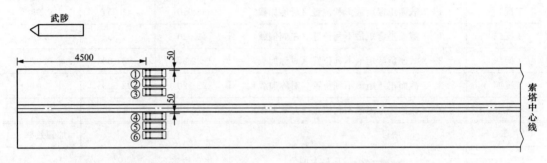

图 10-7 工况 2（1—1 截面）车辆偏载加载图（单位：cm）

10.3.4 测点布置

1. 应变测点布置

箱梁各截面的混凝土表面应变采用稳定性好、精度高且适合于野外环境的 HY65 型应变计进行测量，为了分析测试控制截面的应力分布规律和受力性能，应变测点做如下布置：箱梁底板的应变测点沿底板横向均布，共设 4 个测点（见图 10-8）；腹板的应变测点距离底板 5cm，沿腹板高度内均布，布置 3 个测点，翼缘板下布置 1 个测点（见图 10-9）。

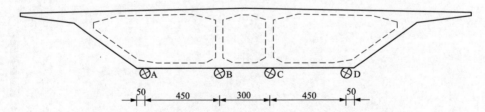

图 10-8 箱梁控制截面 1—1、截面 3—3 应变测点布置图

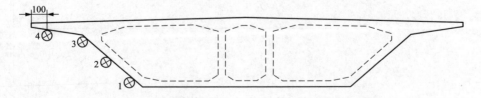

图 10-9 箱梁控制截面 2—2、4—4 应变测点布置图

2. 位移测点布置

（1）主梁挠度测点布置。该次试验采用精密水准仪测量主梁主跨挠度变化，采用 HY65 型位移计测试第一边跨的挠度变化值。测点截面的测点布置图如图 10-10 所示。

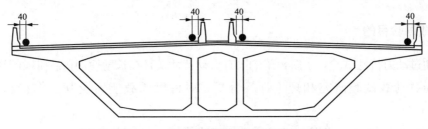

图 10-10　箱梁控制截面挠度测点布置图

（2）塔顶偏位测量。采用精密全站仪测量，预先在塔顶布置棱镜，测量索塔偏位量。

3. 索力测试位置

基于振弦法原理测试索力，该次采用索力动测仪 JMM268 测试索力，在车辆加载截面测试索力变化，即测试主跨 S10-S16、S10′-S16′共 6 对索力变化。

10.3.5　加载程序及试验终止条件

静载试验加载程序见 8.3.5 节，试验终止条件见 9.3.4 节。

静载加载试验流程参见图 10-11。

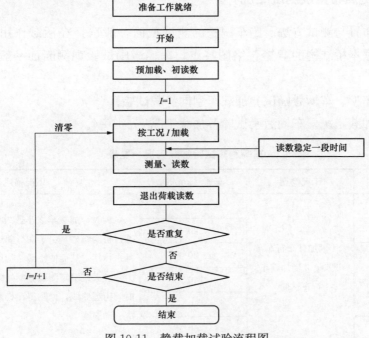

图 10-11　静载加载试验流程图

10.4　动载试验检测方案

10.4.1　动载试验目的及内容

1. 动载试验目的

（1）通过动力特性试验，了解桥梁的固有振动特性及其在长期使用荷载阶段的动力性能；

（2）通过动载试验研究和理论计算分析，对桥梁承载能力及其工作状态作出综合评价；

（3）为桥梁维护提供依据，指导桥梁的正确使用和养护、维修。

2. 试验内容

该次动载试验主要通过在桥梁上适当位置布置拾振器和动态应变计，用动态测试系统对结构在环境激励作用下的振动信号和跑车试验的激励信号进行采集，据此对结构进行分析和评价。动载试验主要包括以下内容：

（1）车辆准备及动力测点布置；

（2）动测仪器的安装及动测系统调试；

（3）环境激励试验、跑车试验及数据采集；

（4）测试验数据的分析整理。

10.4.2　测点布置及测试工况

（1）测点布置与测试方法。跑车试验的测试截面一般选择在活载作用下结构应变最大的位置，根据本桥结构的弯矩包络图特点，车辆激励试验观测断面一般布置在结构最大弯矩位置。

（2）加载车型。车辆激励试验加载车型同静载试验。

（3）试验加载工况。车辆激励试验各加载工况见表 10-4。

表 10-4　　　　　　　　　　　　　　车辆跑车试验加载工况一览表

工况序号	工况类型	车速（km/h）	工况描述
工况 1	1 辆加载车行车试验；2 辆加载车行车试验	10	试验时，加载车以车速为 10～60km/h 匀速通过桥跨结构，由于在行驶过程中对桥面产生冲击作用，从而使桥梁结构产生振动。通过动力测试系统测定测试截面处的动挠度与动应变时间历程曲线，以测得在行车条件下的振幅响应、动应变
工况 2		20	
工况 3		30	
工况 4		40	
工况 5		50	
工况 6		60	

（4）布置位置。该次跑车试验的动应变计及动位移计布置在边跨 93m 跨中位置。

10.4.3　脉动试验测点布置与测试方法

1. 脉动试验测点布置

在桥面无任何交通荷载以及桥址附近无规则振源的情况下，通过高灵敏度拾振器测定桥址处风荷载、地脉动、水流等随机荷载激振而引起桥跨结构的微幅振动响应，测得结构的自振频率、振型和阻尼比等动力学特征。

拾振器在桥面纵向布置在主跨的 1/8 跨、1/4 跨、3/8 跨、跨中、5/8 跨、3/4 跨、7/8 跨位置，第一边跨的 1/4 跨、跨中位置和 3/4 跨位置，第二边跨的 1/4 跨、跨中位置和 3/4 跨位置。在桥面横向布置在桥面边侧及中防撞栏位置处，如图 10-12 和图 10-13 所示，拾振器如图 10-14 所示。

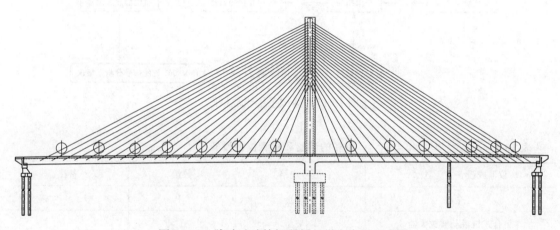

图 10-12　脉动试验拾振器桥面纵向布置示意图

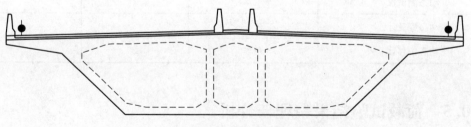

图 10-13　脉动试验拾振器桥面横向布置示意图

2. 测试方法

（1）自振特性测试。采用脉动法进行自振测试，采用由国家地震局工程力学研究所研制生产 891-Ⅱ型拾振器，放大装置采用与之匹配的组合式抗混滤波放大器，采集器采用东方所 INV306U 智能信号采集处理分析仪。整个测试系统如图 10-15 所示。

图 10-14　脉动试验拾振器

（2）冲击系数测试。采用跑车试验进行桥梁动挠度测试，利用东华动态测试系统、动位移计与动应变计采集不同车速下桥梁跨中位置的动应变或动挠度时程曲线，采用时域分析方法，分析动应变或动挠度的最值振幅，以此评价桥梁的动力性能。

比较不同速度下桥梁的冲击系数，得到冲击系数的最值，评价桥梁行车舒适性。

10.4.4　动载试验投入仪器设备

某特大桥桥梁动载试验所需设备见表 10-5。

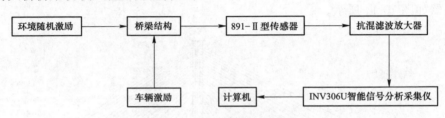

图 10-15　测试系统组成框图

表 10-5　　　　　　　　　　　　　　配备的试验和检测仪器设备

仪器或设备主要名称	型号规格	数量	备注
拾振器	891-Ⅱ	21	
组合式抗混滤波放大器	INV 型	1	
智能信号采集处理分析仪	INV306U	1	
动态测试仪	东华	1	
动态应变计	东华	2	
动态位移计	东华	2	

10.5　荷载试验结果整理与分析

荷载试验报告除一般性的内容外，主要根据静载和动载的试验结果进行评价。

10.5.1　静载试验结果整理分析

1. 挠度数据分析

试验过程中对该斜拉桥主跨约 $0.35L$ 处、第一边跨跨中位置的挠度进行数据测试和采集。表10-6给出了该桥各个工况的实测挠度、理论挠度值以及校验系数，从表中可以看出，实测挠度值均小于理论挠度值，挠度最大值远小于《公路钢筋混凝土及预应力混凝土桥涵设计规范》（JTG D62—2004）中 $L/600$ 的规定；挠度校验系数在 0.56～0.89 之间，均小于1，说明该桥挠度能够满足设计荷载（1.3倍公路-Ⅰ级）的正常使用要求。

表10-6　　　　　　　　　　各个工况下挠度结果数据一览表

工况号	测点	理论值（mm）	实测值（mm）	校验系数
工况一	1-A	−37.00	−33.02	0.89
	1-B	−37.00	−31.26	0.84
	1-C	−37.00	−29.13	0.78
	1-D	−37.00	−32.32	0.86
工况二	1-A	−40.00	−35.01	0.88
	1-B	−38.00	−33.24	0.87
	1-C	−36.00	−32.26	0.89
	1-D	−34.00	−28.12	0.82
工况四	3-A	−9.00	−6.12	0.67
	3-B	−9.00	−6.29	0.67
	3-C	−9.00	−5.58	0.56
	3-D	−9.00	−6.23	0.56

注　从左幅至右幅依次编号为A～D；负值代表下挠。

2. 残余挠度分析

表10-7列出了工况一、工况二、工况四的残余挠度，从表中可以看出，相对残余挠度在 0.93%～9.15% 之间，均满足《公路桥梁承载能力检测评定规程》（JTG/T J21—2011）不大于20%的要求，说明该桥试验跨受力后，基本能恢复到初始状态，处于弹性工作状态。

表10-7　　　　　　　　　　各工况相对残余挠度结果数据一览表

工况号	测点	最大挠度（mm）	残余挠度（mm）	相对残余挠度（%）
工况一	2-A	−33.02	−0.52	1.57
	2-B	−31.26	−0.29	0.93
	2-C	−29.13	−1.56	5.36
	2-D	−32.32	−1.12	3.47

工况号	测点	最大挠度（mm）	残余挠度（mm）	相对残余挠度（%）
工况二	2-A	−35.01	−1.62	4.63
	2-B	−33.24	−1.28	3.85
	2-C	−32.26	−1.89	5.86
	2-D	−28.12	−0.86	3.06
工况四	9-A	−6.12	−0.56	9.15
	9-B	−6.29	−0.46	7.31
	9-C	−5.58	−0.39	6.99
	9-D	−6.23	−0.51	8.19

注　从左幅至右幅依次编号为 A~D；负值代表下挠。

3. 应变数据分析

表 10-8 给出了该桥梁工况一~工况五的实测应变值、理论应变值以及校验系数。由表中数值比较可以看出，试验跨的实测应变均未超出理论应变，应变的校验系数在 0.50~0.88 之间，均满足《公路桥梁承载能力检测评定规程》（JTG/T J21—2011）中应变校验系数小于 1 的规定。

表 10-8　　　　　　　　　各工况应变结果数据一览表

工况	截面	测点	应变计编号	实测值（με）	理论值（με）	校验系数	备注
工况一	1—1 截面	1	50A5DDC1	69.1	78.0	0.88	左箱
		2	50D96A0F	66.2	78.0	0.85	
		3	50A58EF6	61.6	78.0	0.78	右箱
		4	50A4EC6B	62.5	78.0	0.79	
工况二	1—1 截面	1	50A5DDC1	71.3	84.0	0.85	左箱
		2	50D96A0F	68.5	80.0	0.85	
		3	50A58EF6	61.9	76.0	0.80	右箱
		4	50A4EC6B	58.1	72.0	0.81	
工况三	2—2 截面	1	505674D8	−29.2	−38.0	0.76	左箱
		2	509DB296	−21.1	−30.0	0.70	
		3	50A5D625	8	16.0	0.50	
		4	50879C73	12	22.0	0.55	

续表

工况	截面	测点	应变计编号	实测值（με）	理论值（με）	校验系数	备注
工况四	3—3 截面	1	50D63DC4	28.5	42.0	0.67	左箱
		2	50D4A461	26.6	42.0	0.62	
		3	50D64E69	29.4	42.0	0.69	右箱
		4	50D63B17	27.3	42.0	0.64	
工况五	4—4 截面	1	50D494DE	−8.8	−12.0	0.67	左箱
		2	50D4A7D2	−4.5	−6.0	0.67	
		3	50D6BDEE	9.3	12.0	0.75	
		4	50D6BDEE	10.2	14.0	0.71	

注 表中负号为压应变值。

4. 残余应变分析

该斜拉桥试验跨工况一～工况五残余应变测试工况见表 10-9。由表 10-9 可以看出，试验截面的相对残余应变在 1.45%～7.84% 之间，相对残余应变满足《公路桥梁承载能力检测评定规程》（JTG/T J21—2011）不大于 20% 的要求，说明该桥试验跨受力后，基本能恢复到初始状态，处于弹性工作状态。

表 10-9 各工况相对残余应变结果数据一览表

工况号	位置	最大应变（με）	残余应变（με）	相对残余应变（%）
工况一	1	69.1	3.2	4.63
	2	66.2	2.8	4.23
	3	61.6	3.9	6.33
	4	62.5	2.7	4.32
工况二	1	71.3	2.5	3.51
	2	68.5	1.6	2.34
	3	61.9	0.9	1.45
	4	58.1	4.2	7.23
工况三	1	−29.2	−1.3	4.45
	2	−21.1	−1.1	5.21
	3	8.0	0.5	6.25
	4	12.0	0.9	7.50

工况号	位置	最大应变（$\mu\varepsilon$）	残余应变（$\mu\varepsilon$）	相对残余应变（%）
工况四	1	28.5	1.6	5.61
	2	26.6	1.2	4.51
	3	29.4	1.9	6.46
	4	27.3	1.3	4.76
工况五	1	−8.8	−0.5	5.68
	2	−4.5	−0.3	6.67
	3	9.3	0.4	4.30
	4	10.2	0.8	7.84

5. 索塔塔顶偏位分析

表 10-10 给出了该桥在工况六状况下索塔塔顶最大偏位的实测偏位值、理论偏位值以及校验系数。由表 10-10 可以看出，该桥索塔塔顶的实测偏位值均未超出理论偏位值，偏位的校验系数在 0.79～0.85 之间均满足《公路桥梁承载能力检测评定规程》（JTG/T J21—2011）中校验系数小于 1 的规定。

表 10-10 索塔塔顶水平偏位情况一览表

截面	测点	实测值（mm）	理论值（mm）	校验系数	备注
5—5 截面	1	15.2	19.2	0.79	索塔顶部
	2	15.4	18.1	0.85	索塔顶部

6. 斜拉索索力分析

表 10-11 给出了该桥工况六的最大索力的实测变化值、理论变化值以及偏差情况。由表 10-11 可以看出，该桥斜拉索索力实测变化值和理论变化值基本一致，索力偏差值在 −6.3%～2.9% 之间，索力偏差在 10% 以内，索力变化量满足规范要求。

表 10-11 斜拉索索力变化情况一览表

拉索编号	实测变化值（kN）	理论变化值（kN）	偏差（%）
S10	220.9	230.9	−4.3
S10′	235.3	230.9	1.9
S11	236.5	243.1	−2.7
S11′	229.6	243.1	−5.6

续表

拉索编号	实测变化值（kN）	理论变化值（kN）	偏差（%）
S12	248.2	246.3	0.8
S12′	233.1	246.3	−5.4
S13	236.7	238.8	−0.9
S13′	225.3	238.8	−5.7
S14	217.4	218.2	−0.4
S14′	205.6	218.2	−5.8
S15	222.8	231.2	−3.6
S15′	218.8	231.2	−5.4
S16	169.5	180.9	−6.3
S16′	186.2	180.9	2.9

注 索力为正值代表索力增大。

10.5.2 动载试验结果整理分析

1. 理论自振特性分析

利用 Midas Civil 建立该斜拉桥有限元模型，计算出第一～九阶振动理论振型如图 10-16 所示，第一～九阶理论自振频率列于表 10-12。由图 10-16 可以看出，前九阶自振振

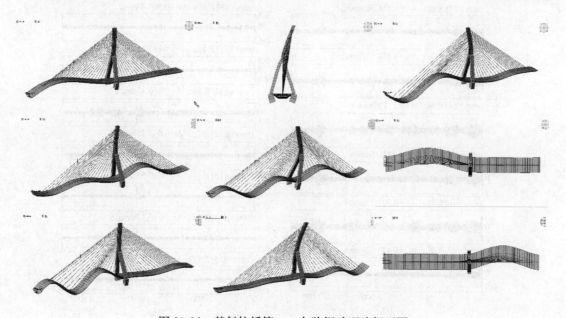

图 10-16 某斜拉桥第一～九阶振动理论振型图

型中，除第二阶以塔扭为主、第六阶和第九阶以横向振动为主外，其余阶次以竖向振动为主，并伴有横向或纵向振动。

表 10-12	理论自振频率计算结果	（Hz）
频率阶数	理论频率	备注
一阶频率（竖向一阶）	0.709	竖向振动为主
二阶频率	1.138	塔扭为主
三阶频率（竖向二阶）	1.445	竖向振动为主
四阶频率（竖向三阶）	1.805	竖向振动为主
五阶频率（竖向四阶）	2.341	竖向振动为主
六阶频率（横向一阶）	2.474	横向振动为主
七阶频率（竖向五阶）	2.692	竖向振动为主
八阶频率（竖向六阶）	3.263	竖向振动为主
九阶频率（横向二阶）	3.467	横向振动为主

2. 实测竖向自振特性分析

全桥竖向振动测点共布置 13 个测点，分 2 测站布置，其中 1～7 号测点布置在主跨八分点位置处，$7L/8$ 位置处（7 号测点）为参考点，7～10 号测点布置在第一边跨四分点位置处，10～13 号测点布置在第二边跨四分点位置处。1～13 号测点时间历程曲线（时域图）如图 10-17 所示，1～13 号测点自谱分析如图 10-18 所示，竖向振动频率见

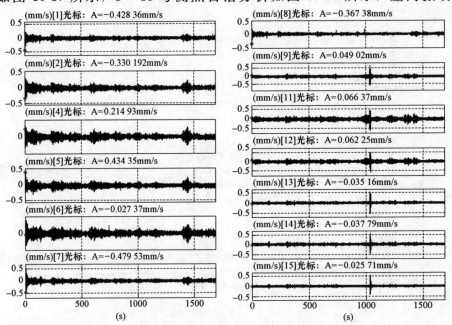

图 10-17　某斜拉桥竖向振动 1～13 号测点时域全程图

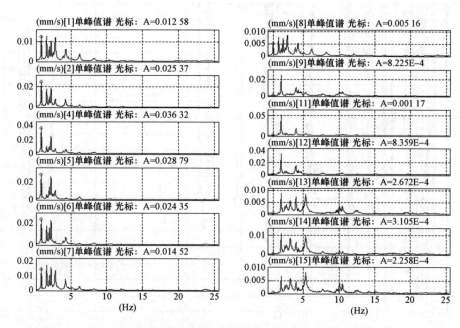

图 10-18　某斜拉桥竖向振动 1~13 号测点自谱分析图

表 10-13。由表 10-13 可以看出，某特大桥竖向实测频率与理论频率比值在 0.96~1.01 之间，说明该特大桥竖向实测频率与理论计算吻合较好。

表 10-13　　　　　　　　　理论自振频率与实测竖向频率对比表

频率阶数	理论频率（Hz）	实测竖向频率（Hz）	实测/理论
竖向一阶频率	0.709	0.680	0.96
竖向二阶频率	1.445	1.435	0.99
竖向三阶频率	1.805	1.816	1.01
竖向四阶频率	2.341	2.365	1.01
竖向五阶频率	2.692	2.679	1.00
竖向六阶频率	3.263	—	—

注　"—"表示未布置测点或未识别出。

1~13 号测点采用随机子空间法 SSI 进行模态拟合，频率和模态稳定图如图 10-19 所示，各阶次模态振型图如图 10-20 所示。对比图 10-16 理论振型模态图可以看出，实测竖向各阶次振动形态与理论振型基本一致。

3. 实测横向自振特性分析

全桥横向振动测点共布置 13 个测点，分 2 个测站布置，其中 1~7 号测点布置在主跨

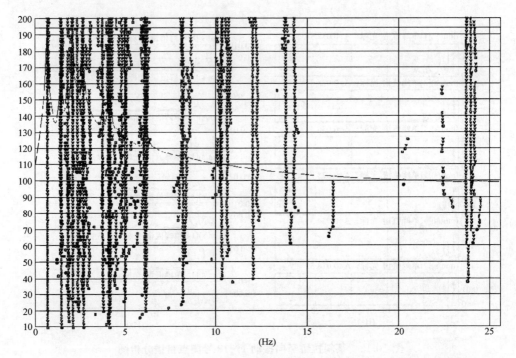

图 10-19　某斜拉桥竖向振动 1～13 号测点模态拟合随机子空间法模态稳定图

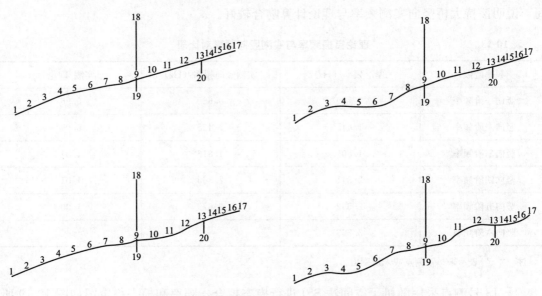

图 10-20　某斜拉桥竖向振动一～四阶实测振型图

八分点位置处，$7L/8$ 位置处（7 号测点）为参考点，7～10 号测点布置在第一边跨四分点位置处，10～13 号测点布置在第二边跨四分点位置处。

　　1～13 号测点时间历程曲线（时域图）如图 10-21 所示，1～13 号测点自谱分析如图 10-22 所示，竖向振动频率见表 10-14。由表 10-14 可以看出，该斜拉桥横向实测频率与理论频率比值在 0.99～1.09 之间，说明该桥横向实测频率与理论计算吻合较好。

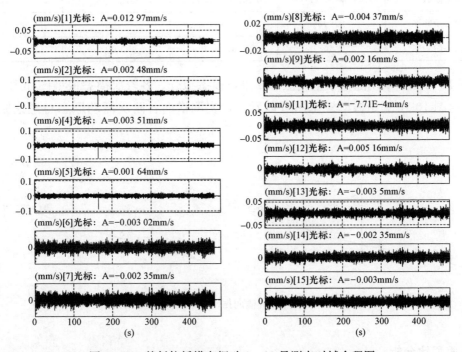

图 10-21　某斜拉桥横向振动 1～13 号测点时域全程图

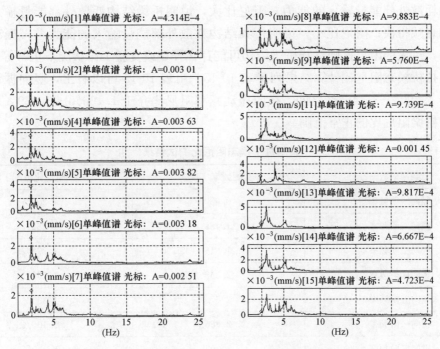

图 10-22　某斜拉桥横向振动 1～13 号测点自谱分析图

表 10-14 理论自振频率与实测横向频率对比表

频率阶数	理论频率（Hz）	实测横向频率（Hz）	实测/理论	备注
横向一阶频率	2.692	2.660	0.99	
横向二阶频率	3.467	3.792	1.09	

1~13 号测点采用随机子空间法 SSI 进行模态拟合，各阶次模态振型图如图 10-23 所示。对比图 10-16 理论振型模态图可以看出，实测横向各阶次振动形态与理论振型基本一致。

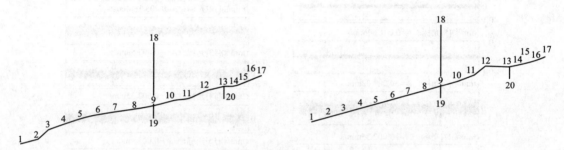

图 10-23 某斜拉桥横向振动一、二阶实测振型图

4. 阻尼比分析

在动态响应计算分析中，桥梁结构的阻尼信息较为重要。实测阻尼比的大小反映了桥梁结构耗散外部能量输入的能力。阻尼比大，说明桥梁结构耗散外部能量输入的能力强，振动衰减得快；阻尼比小，说明桥梁结构耗散外部能量输入的能力差，振动衰减得慢。但是，过大的阻尼比则意味桥梁结构可能存在开裂或支座工作状况不正常等现象。

该斜拉桥模态阻尼比计算结果列于表 10-15。由表 10-15 可以看出，竖向振动频率阻尼比介于 1.200%~1.466%之间，横向振动频率阻尼比介于 1.106%~3.089%之间，处于大跨径桥梁阻尼比的正常范围。

表 10-15 某斜拉桥模态阻尼比测试结果

频率阶数	实测频率（Hz）	阻尼比范围
竖向一阶频率	0.680	1.200%
竖向二阶频率	1.435	1.282%
竖向三阶频率	1.816	1.292%
竖向四阶频率	2.365	1.466%
竖向五阶频率	2.679	1.395%
横向一阶频率	2.660	1.106%
横向二阶频率	3.792	3.089%

5. 冲击系数分析

该桥跑车冲击试验采取一辆车跑车加载和两辆车同时跑车加载的方式进行，根据桥梁动位移测试结果，采用冲击系数的计算方法求得结构的冲击系数，该桥的冲击系数测试结果见表10-16和表10-17。该桥在重型车辆时速10～60km/h的作用下，最大冲击系数为0.05，不超过《公路桥涵设计通用规范》（JTG D60—2004）中的计算结果0.05，说明该桥行车条件较好。

表10-16   一辆车跑车试验冲击系数测试结果

工况序号	工况类型	车速（km/h）	冲击系数
工况1		10	0.01
工况2		20	0.02
工况3	1辆加载车	30	0.03
工况4	行车试验	40	0.03
工况5		50	0.04
工况6		60	0.05

表10-17   两辆车跑车试验冲击系数测试结果

工况序号	工况类型	车速（km/h）	冲击系数
工况1		10	0.02
工况2		20	0.03
工况3	2辆加载车	30	0.02
工况4	行车试验	40	0.04
工况5		50	0.02
工况6		60	0.03

10.6 结论

10.6.1 静载试验结论

（1）在试验荷载作用下，该斜拉桥各控制截面的实测挠度值均小于相应的理论计算值，挠度校验系数为0.56～0.89，相对残余挠度在0.93%～9.15%之间，均小于《公路桥梁承载能力检测评定规程》（JTG/T J21—2011）的规定限值。

（2）在试验荷载作用下，该斜拉桥各测试截面的实测应变值均小于相应的理论计算值，应变校验系数为0.50～0.88；相对残余应变在1.45%～7.84%之间，均小于《公路桥梁承载能力检测评定规程》(JTG/T J21—2011) 的规定限值。

（3）索塔塔顶偏位工况结果表明，该斜拉桥索塔塔顶的实测偏位值均未超出理论偏位值，塔顶偏位值的校验系数在 0.79～0.85 之间，均满足《公路桥梁承载能力检测评定规程》(JTG/T J21—2011) 中校验系数小于 1 的规定。

（4）在试验荷载作用下，斜拉索索力工况测试结果表明，实测索力变化值与理论索力变化值基本一致，索力偏差值在 −6.3%～2.9% 之间，索力偏差在 10% 以内，索力变化量满足规范要求。

10.6.2 动载试验结论

（1）通过振动模态分析可知，该斜拉桥竖向和横向实测频率与理论频率比值在 0.96～1.09 之间，竖向实测频率与理论计算吻合较好，实测各阶次振动形态与理论基本吻合。

（2）该斜拉桥振动频率阻尼比介于 1.106%～3.089% 之间，处于大跨径桥梁阻尼比的正常范围。

（3）桥梁最大冲击系数为 0.05，不超过《公路桥涵设计通用规范》(JTG D60—2004) 中的计算结果 0.05，说明该桥行车条件较好。

综上所述，该斜拉桥静动荷载试验结果表明，承载能力满足设计荷载的正常使用要求。

第11章

某预应力混凝土连续刚构桥施工监控

11.1 工程概况

某预应力混凝土连续刚构桥跨径为（50＋90＋50）m，上部结构为预应力混凝土连续刚构，下部结构桥墩及基础采用柱式墩、板式墩、桩基础，桥台及基础采用柱式台、肋板台、桩基础，如图 11-1 所示。

图 11-1　某预应力混凝土连续刚构桥施工照片

主桥采用单箱单室箱形悬浇梁。单幅桥面宽度 16.55m，箱宽 8.35m，两侧翼缘悬臂宽 4.025m。箱梁端部梁高 3.0m，墩顶根部梁高 5.5m，为主跨跨度的 1/16.36，箱高以 1.8 次抛物线变化。箱梁底板厚度从箱梁根部截面的 80cm 渐变至跨中截面的 32cm，同样按 1.8 次抛物线变化。箱梁腹板厚度采用 55cm→80cm→100cm 三个级别变化，箱梁零号段腹板厚度为 100cm，如图 11-2 所示。箱梁顶板横坡与路面横坡一致，底板水平。主梁悬臂浇筑梁段长度划分为 3.5m 和 4.0m 两种节段。箱梁 0 号梁段长 12.0m（包括桥墩两侧悬臂各 2.5m），连续刚构箱梁纵桥向划分为 10 个对称梁段，从根部至梁端分为 4×3.5m＋6×4m，最大悬臂状态单侧悬臂长 40.5m。连续刚构主梁采用 C55 混凝土，从高强度钢绞线和群锚作为纵向预应力体系，采用挂篮悬浇法施工。0 号段采用托架施工，1～10 号梁段采用挂篮分段对称悬臂浇筑施工，现浇段采用墩顶平衡支架施工。悬臂浇筑梁段最大控制重量 1926kN，挂篮模板系统设计自重 600kN。

设计标准：

(1) 公路等级：双向六车道高速公路。

(2) 行车速度：100km/h。

(3) 设计荷载：公路-Ⅰ级。

(4) 桥面标准宽度：整体式双幅桥：2×[0.55m（墙式护栏）＋15.45m（行车道）＋0.55m（墙式护栏）]＋0.4m（分隔带）＝33.5m。

分离式单幅桥：0.55m（墙式护栏）＋15.45m（行车道）＋0.55m（墙式护栏）＝16.55m。

11.2 施工监控目的及依据

11.2.1 施工监控目的

预应力混凝土连续刚构桥的悬臂浇筑施工过程比较复杂，不仅要经历悬臂浇筑梁段的过程，还要经历边、中跨合龙以及解除临时约束等体系转换的过程，因此，在整个施工过程中，主梁标高和内力都是不断变化的。通过正逆迭代计算分析，可以得到各施工阶段的理想标高和内力值，但由于设计计算是建立在一系列理想化假定的基础上的，而实际自开工到竣工整个为实现设计目标而必须经历的过程中，将受到许许多多确定和不确定因素（误差）的影响，其中包括设计计算模型、材料性能、施工精度、荷载和温度等诸多方面在理想状态与实际状态之间存在的差异，导致合龙困难，使成桥线型与内力状态偏离设计要求，给桥梁施工安全、主梁线形、结构可靠性、行车条件和经济性等方面带来不同程度的影响。因此，要求在施工过程中，必须实施有效的施工控制。实时监测、识别、调整（纠偏）、预测对设计目标的实现是至关重要的。因此，为了保证桥梁施工质量和施工安全，使桥梁的线形和内力达到设计的预期值，在施工过程中对此桥进行施工监控是非常必要的。

针对某（50＋90＋50)m 连续刚构桥工程施工监控的目的在于，通过对已完成的工程状态和施工过程的监测，收集控制参数，分析施工中产生的误差，通过理论计算和实测结果的比较分析、误差调整，预测后续施工过程的结构形状，提出后续施工过程应采取的技术措施，调整必要的施工工艺和技术方案，以协助施工单位安全、优质、高效地进行施工，使成桥后结构的内力和线形处于有效的控制之中，并最大限度地符合设计的理想状态，确保结构的施工质量，保证施工过程与运行状态的安全性。

11.2.2 施工监控依据

(1)《公路工程技术标准》(JTG B01—2014)；

（2）《公路桥涵设计通用规范》（JTG D60—2015）；

（3）《公路钢筋混凝土及预应力混凝土桥涵设计规范》（JTG 3362—2018）；

（4）《公路桥涵地基与基础设计规范》（JTG D63—2007）；

（5）《公路桥涵施工技术规范》（JTG/T 3650—2020）；

（6）《公路工程质量检验评定标准》（JTG F80/1—2017）；

（7）工程设计图纸及相关施工方案；

（8）《大体积混凝土施工规范》（GB 50496—2009）；

（9）《大体积混凝土温度测控技术规范》（GB/T 51028—2015）；

（10）其他相关的规范、规程及局部修改条文。

11.3　施工监控方案

11.3.1　施工监控原理及方法

1. 施工监控原理

桥梁施工监控是预告—监测—识别—修正—预告的循环过程。其目的是确保施工过程中结构的安全，具体表现为：结构内力合理，结构变形控制在允许范围内，并保证有足够的稳定性。

该合同段主桥为大跨径变截面预应力混凝土连续刚构桥，施工监控的原则是"线形控制为主、应力监测为辅，确保成桥线形符合设计要求，确保施工过程中结构的安全"。

2. 施工监控方法

在施工前应根据施工方提供的施工方案进行初期结构分析计算，在施工过程中应根据控制监测的实际数据进行计算分析。施工前期的计算是根据前期施工单位提供的施工方案对施工过程中每个阶段进行详细的变形计算和受力分析，确定桥梁结构施工过程中每个阶段在受力和变形的理想状态，以此为依据来控制施工过程中每个阶段的结构行为。施工过程中的结构计算是根据施工监测的数据、进行分析处理，分析现阶段状态与理论状态之间的偏差原因，对计算数据进行参数识别、修正，使计算模型逐步与实际状态接近，将误差控制在设计容许的范围内，根据此模型计算预测下一施工阶段的立模高程。施工过程中的结构计算分析是一个不断对结构计算参数进行识别、进行修正的过程，贯穿于整个施工过程中。

11.3.2　施工过程仿真模拟

根据该桥设计图纸及既定的施工方案，运用 Midas Civil 对桥梁空间建模进行施工阶段分析，该桥采用梁单元来模拟。单元划分考虑到施工节段、变截面、边界条件等因素，共有 150 个节点，131 个单元。该模型支座边界条件采用一般支承＋弹性连接模拟；满堂支架位置边界条件采用只受压单元模拟；墩梁固结采用刚性连接模拟；挂篮荷载和合龙段配重均采用集中力模拟。连续梁施工阶段分析考虑了混凝土自重、挂篮自重、预应力、二期恒载以及混凝土的收缩徐变效应；预应力计入预应力损失，混凝土收缩徐变考虑了理论厚度。Midas 模型如图 11-2 所示。

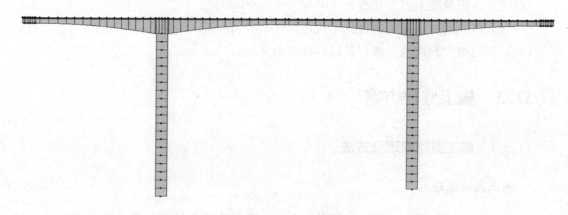

图 11-2　有限元计算模型

各种材料的计算参数取值如下：

混凝土：主梁 C55，主墩 C40；

混凝土容重：26kN/m³；

预应力钢绞线：strand1860；

二期恒载：56.8kN/m；

收缩徐变参数：依据现行规范；

施工荷载（挂篮、机具、人群等）：900kN；

预应力相关参数：根据该连续刚构桥设计图纸给定的张拉控制应力，纵向预应力管道采用塑料波纹管，其管道摩阻损失参数按照设计取值，摩阻系数 $\mu=0.14$，孔道偏差系数 $k=0.002$。

对桥梁进行施工过程分析，共划分 81 个施工阶段。施工方式的划分根据现有资料和经验确定，将来根据确定的施工方案进行相应调整，见表 11-1。

11.3.3　施工计算分析结果

通过对该连续刚构桥进行施工阶段模拟分析，计算出了施工过程中各节段的桥梁结构内力和变形，现将关键施工阶段的结构应力和变形图列出，如图 11-3～图 11-9 所示。

表 11-1 施工阶段划分

序号	施工阶段	序号	施工阶段
1～20	主墩施工	70	浇筑边跨合龙段
21	0 号块支模	71	卸载边跨侧配重
22	0 号块浇筑	72	解除边墩临时纵向约束
23	0 号块张拉	73	边跨合龙段张拉
24	安装挂篮	74	中跨合龙段浇筑
25	1 号块挂篮就位	75	卸载中跨配重
26	1 号块浇筑	76	中跨张拉
27	1 号块张拉	77	拆除满堂支架
28～66	2～14 号块施工	78	拆除挂篮
67	边跨现浇段浇筑	79	存梁 60 天
68	挂篮前移悬臂端	80	铺装二期恒载
69	合龙前配重	81	10 年收缩徐变

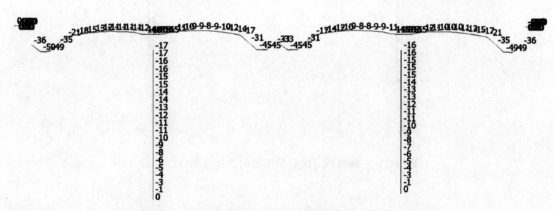

图 11-3　10 号块张拉完成后桥梁竖向位移（单位：mm）

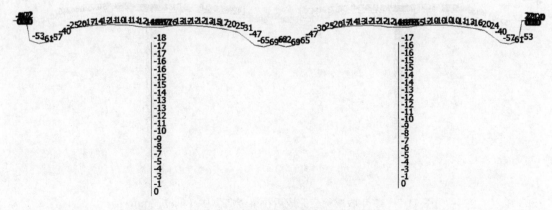

图 11-4　边跨合龙完成后桥梁竖向位移（单位：mm）

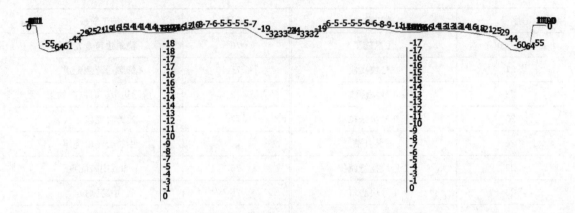

图 11-5　中跨合龙完成后桥梁竖向位移（单位：mm）

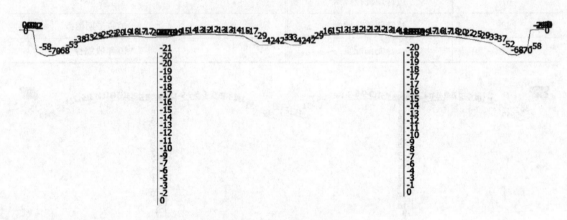

图 11-6　二期恒载完成后桥梁竖向位移（单位：mm）

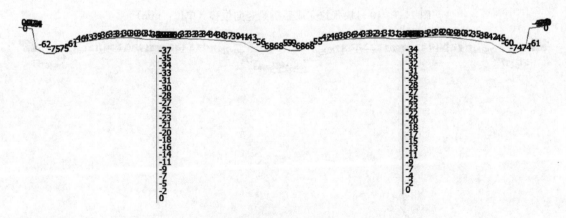

图 11-7　10 年收缩徐变完成后桥梁竖向位移（单位：mm）

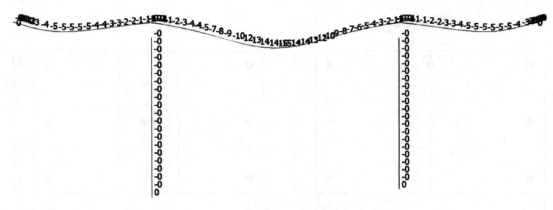

图 11-8　0.5 倍汽车静荷载桥梁竖向最大位移（单位：mm）

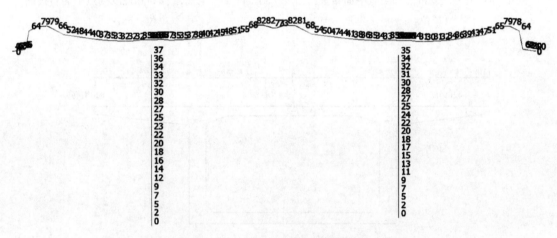

图 11-9　主梁恒载＋0.5 倍汽车静活载预拱度图（单位：mm）

11.3.4　几何线形监控方案

1. 测点布置

高程监测的基准点布设在各墩的 0 号节段梁顶上，每个 0 号节段可布设 2 个基准点。对于这些基准点，要求施工单位至少每月复测一次，并对两个主墩基准点进行联测。图 11-10 为 0 号块梁顶基准点及测点布置图。

悬臂施工过程中，每一梁段悬臂端 5cm 左右截面梁顶设立 3 个标高观测点，中间测点布置于截面中轴线位置。测点须用短钢筋预埋设置，上下游测点位置在桥面防撞设施的内侧，应与主梁钢筋焊接，测点钢筋露出混凝土表面 2～3cm，钢筋头磨平并用红漆标明编号。箱梁各梁段上均设三个高程测点，对称布置在距梁面中线 3.5m 处的翼缘板上，且距悬臂端 5cm；主梁标高观测的测点布置图如图 11-11 和图 11-12 所示。

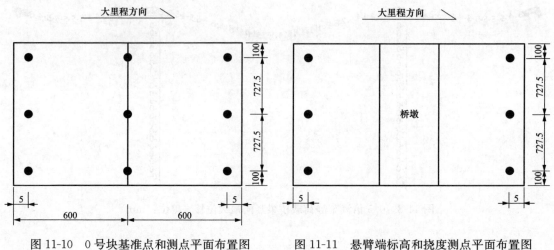

图 11-10　0 号块基准点和测点平面布置图　　图 11-11　悬臂端标高和挠度测点平面布置图
（单位：cm）　　　　　　　　　　　　　　（单位：cm）

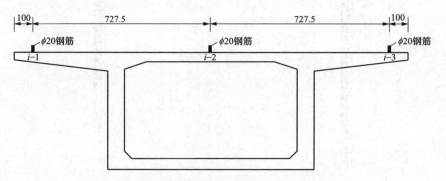

图 11-12　标高和挠度测点布置剖面图（单位：cm）

2. 监控工况

在施工过程中，对每一个节段在混凝土浇筑前、混凝土浇筑后、纵向预应力张拉后进行挠度测点观测和箱梁轴线偏差测量，在成桥后进行全桥线形及承台沉降测量。

3. 监控方法

挠度监测采用精密水准仪按二等水准测量进行闭合测量。挠度监测前，先复核高程基准点，无误后方可使用。进行测量时，按照二等水准测量的要求，采用附合导线测量法。对于基准点，要求与施工单位一起每隔两个月复测一次，主梁偏位监测采用全站仪配合棱镜进行。

为了克服温度变化所引起的对结构变形的影响，固定观测时间十分重要，一般应选择在清晨 7 时（春、冬季）或 6 时（夏、秋季）以前完成外业测量。

4. 监控精度

参照《公路桥涵施工技术规范》（JTG/T 3650—2020）、《公路工程质量检验评定标准》（JTG F80—1—2017）的规定，结合目前测试仪器的精度范围和结构的分析水平，参照国内其他一些预应力混凝土桥的施工控制情况，确定本桥的施工控制误差范围见表 11-2。

表 11-2   **梁体线形监测标准**

项目			规定值或允许偏差（mm）
	混凝土强度		符合设计要求
	立模标高		±5
悬臂浇筑状态	悬臂梁段高	$L \leqslant 100\text{m}$	±20
		$L > 100\text{m}$	$\pm L/5000$
	轴线偏位	$L \leqslant 100\text{m}$	10
		$L > 100\text{m}$	$L/10\,000$
	合龙前两悬臂端相对高差		20
成桥状态	轴线偏位	$L \leqslant 100\text{m}$	10
		$L > 100\text{m}$	$L/10\,000$
	顶面高程	$L \leqslant 100\text{m}$	±20
		$L > 100\text{m}$	$\pm L/5000$
	断面尺寸	高度	+5，−10
		顶宽	±30
		底宽	±20
		顶、底、腹板厚	+10，0

11.3.5 应力监控方案

1. 测点布置

考虑桥梁施工悬臂对称性和截面横向受力对称性，应力测试断面为主墩墩顶两侧1号块在靠近0号块端头的最大悬臂端断面，测试断面布置如图 11-13 所示，测点布置在腹板与箱梁底板和顶板交接处，箱梁横断面测点布置如图 11-14 所示。全桥两幅共布置7个测试断面。

其中，A1、A2、B1、B2 为主墩两侧1号块在靠近0号块端头的断面处；A3、B3 为1/4 跨截面处；C 截面为中跨跨中截面处。

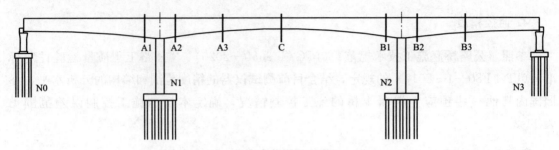

图 11-13　主桥应力测试断面布置图（单位：cm）

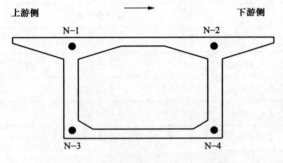

图 11-14　应力测点布置图（断面 N）

2. 监控工况

在施工过程中，每一个节段在混凝土浇筑后、预应力钢筋张拉后需进行控制截面应力测量。通过对箱梁主要控制截面的应力测试，可掌握箱梁在施工过程中的内力变化。由于施工监控周期较长，且跨季节施工，四季温差及日温差较大，为消除温度对测试结果的影响，选择带有温度修正的应力传感器，在测试应变时同时进行温度测试，并对应变进行修正。同时，读数尽可能安排在早晨完成，并注明测试时间、天气和大气温度状况。

3. 监控方法

影响混凝土构件应力测试的因素很多，除荷载作用引起的弹性应力应变外，还与收缩、徐变、温度有关。目前国内外混凝土构件的应力测试一般通过应变测量换算应力值，即

$$\sigma_{弹} = E\varepsilon_{弹} \tag{11-1}$$

式中　$\sigma_{弹}$——荷载作用下混凝土的应力；

　　　E——混凝土弹性模量；

　　　$\varepsilon_{弹}$——荷载作用下混凝土的弹性应变。

实际测出的混凝土应变则是包含温度、收缩、徐变变形影响的总应变 ε。即

$$\varepsilon = \varepsilon_{弹} + \varepsilon_{徐} + \varepsilon_{无应力} \tag{11-2}$$

式中　$\varepsilon_{弹}$——弹性应变；

　　　$\varepsilon_{无应力}$——无应力应变，包括温度应变和收缩应变；

　　　$\varepsilon_{徐}$——徐变应变。

为了补偿混凝土内部温度应变并消除温度、收缩影响，在布置应力测点时同时布设无应力计补偿块，分别测得混凝土应变 ε 和无应力应变 $\varepsilon_{无应力}$，再通过相应的分析和计算分离出徐变应变 $\varepsilon_{徐}$，按式（11-2）即可得到弹性应变。

4. 测量仪器及元件

应力测试与主梁施工同时进行，因而要求测试元件必须具备长期稳定性、抗损伤性能好、埋设定位容易及对施工干扰小等性能。通过以前测试经验和对国内元件及仪器综合分析比较，决定测试元件选用带有温度传感功能的 JMZX-215BT 型混凝土智能弦式应变传感器。检测仪器为 JMZX-3006 智能综合测试仪。通过应变—频率标定曲线，换算出混凝土的实际应变，再根据混凝土弹性模量推算混凝土应力。测试设备如图 11-15 和图 11-16 所示。

图 11-15　振弦式读数仪

图 11-16　振弦式应变计

11.4　施工监控结果整理与分析

11.4.1　变形监控结果

为使该桥获得良好的线形，必须密切关注悬臂施工过程中桥梁线形变化，边跨合龙前最后几个节段的线形变化尤为重要，关键阶段线形监控数据见表 11-3～表 11-7。

表 11-3　　　　　　　　5 号墩左幅 9 号节段线形监测情况分析表　　　　　　（m）

工况	截面	具体位置	实测标高	理论值	差值＝实一理
8 号块浇后	小桩号 9 号节段	8-1 顶面	1744.823	1744.823	0.000
		8-2 顶面	1744.654	1744.668	−0.014
		8-3 顶面	1744.470	1744.514	−0.044
	大桩号 9 号节段	8-1 顶面	1745.393	1745.425	−0.032
		8-2 顶面	1745.363	1745.397	−0.034
		8-3 顶面	1745.350	1745.369	−0.019

表 11-4   **5 号墩左幅 10 号节段线形监测情况分析表**   （m）

工况	截面	具体位置	实测标高	理论值	差值＝实一理
9 号块浇后	小桩号 10 号节段	9-1 顶面	1744.767	1744.781	−0.014
		9-2 顶面	1744.601	1744.626	−0.025
		9-3 顶面	1744.441	1744.472	−0.031
	大桩号 10 号节段	9-1 顶面	1745.467	1745.465	0.002
		9-2 顶面	1745.401	1745.446	−0.045
		9-3 顶面	1745.420	1745.426	−0.006

表 11-5   **5 号墩左幅 11 号节段线形监测情况分析表**   （m）

工况	截面	具体位置	实测标高	理论值	差值＝实一理
10 号块浇后	小桩号 11 号节段	10-1 顶面	1744.712	1744.739	−0.027
		10-2 顶面	1744.566	1744.584	−0.018
		10-3 顶面	1744.409	1744.430	−0.021
	大桩号 11 号节段	10-1 顶面	1745.502	1745.489	0.013
		10-2 顶面	1745.476	1745.478	−0.002
		10-3 顶面	1745.476	1745.466	0.010

表 11-6   **5 号墩左幅边跨合龙段线形监测情况分析表**   （m）

工况	截面	具体位置	实测标高	理论值	差值＝实一理
边跨合龙段浇后	小桩号 11 号节段	10-1 顶面	1744.710	1744.739	−0.029
		10-2 顶面	1744.562	1744.584	−0.022
		10-3 顶面	1744.406	1744.430	−0.024
	小桩号 12 号节段	10-1 顶面	1744.689	1744.713	−0.024
		10-2 顶面	1744.507	1744.558	−0.051
		10-3 顶面	1744.403	1744.404	−0.001

表 11-7   **5 号墩左幅中跨合龙段线形监测情况分析表**   （m）

工况	截面	具体位置	实测标高	理论值	差值＝实一理
中跨合龙段浇前	5 号墩 11 号节段	10-1 顶面	1745.519	1745.489	0.030
		10-2 顶面	1745.491	1745.478	0.013
		10-3 顶面	1745.495	1745.466	0.029

工况	截面	具体位置	实测标高	理论值	差值＝实一理
中跨合龙段浇前	6号墩 11号节段	10-1顶面	1745.541	1745.504	0.037
		10-2顶面	1745.534	1745.497	0.037
		10-3顶面	1745.510	1745.489	0.021

注 底板标高直接反映桥梁线形，但浇后采集困难，在立模时加以严格控制；顶板标高涉及点位布置、横坡不当等因素，误差稍大，亦能较好地反映桥梁实际线形。

从该阶段所浇各节段线形监测数据可以看出，经过调整，新浇筑的几节段顶板标高误差基本在30mm左右，个别位置偏大，基本上都偏低。

分析原因：虽然挂篮实际弹性变形值比理论值偏小，但根据国内连续刚构桥桥梁线形监控经验，后期运营过程中梁体将发生下挠现象，为确保运营阶段桥梁线形符合理论线形，故在线形监控过程中采取"宁高勿低"原则进行控制，未对挂篮弹性变形值修正。另外，由于实际施工立模标高存在10mm左右的误差，再加上施工时混凝土顶面厚薄不均，就造成了顶板标高有高有低、偏差较大的情况。

新浇筑的几节段顶板标高误差较大，均偏低，通过对全桥实测标高数据的分析认为：

（1）前面已浇筑节段标高偏低的累积效应随着悬臂伸长对后续梁段有较大影响是主要原因。

（2）随着主桥悬臂伸长，混凝土浇筑方量、预应力张拉、桥面临时荷载、挂篮、模板变形、温度等因素的轻微变化都会对悬臂端位移产生较大影响。通过实测数据、现场观察及与相关技术人员沟通，认为桥面荷载乱堆乱放及温度变化对挠度测量的影响较大是原因之一。

（3）冬期施工，混凝土弹性模量上升缓慢，同等受力条件下变形较大也是原因之一。

综合考虑以上因素及该节段调整效果，继续采取下列措施：

（1）下节段施工中适当增大预抛高值来抵消较大的下挠值。

（2）建议施工方加强混凝土养护工作，杜绝临时荷载随意堆放现象。

（3）建议施工方在温差小的早上或晚上进行立模标高放样，适当考虑温度对主梁挠度的影响。

（4）建议施工方继续做好混凝土浇筑方量控制，预应力张拉控制等工作。

（5）加强线形监测，积极查找分析线形变化原因，及时进行预拱度调整。

左幅中跨合龙段浇筑后工况顶板标高见表11-8和图11-17。

从5号墩全桥合龙工况各截面顶板标高数据及线形图可以看出，实测线形走向与理论线形走向基本一致，个别点标高存在一定偏差，与实际点位布置及点位处混凝土厚薄不均（横坡处理不当）等因素有关，偏差过大的部位需要后续处理。不同施工阶段的各个块号的位移均满足规范要求，成桥后的实际线形与理论线形基本相符，主梁线形平滑，各个合龙段合龙前悬臂端相对高差均小于规范要求。

表 11-8　　　　　　　　左幅中跨合龙段浇后工况顶板标高数据　　　　　　　（m）

里程桩号	实测左侧顶板标高	实测中间顶板标高	实测右侧顶板标高	左侧顶板理论标高	中间顶板理论标高	右侧顶板理论标高
K67+571	1744.415	1744.626	1744.715	1744.427	1744.581	1744.736
K67+575	1744.439	1744.592	1744.770	1744.468	1744.622	1744.777
K67+579	1744.475	1744.649	1744.829	1744.509	1744.663	1744.818
K67+583	1744.546	1744.719	1744.869	1744.544	1744.698	1744.853
K67+587	1744.584	1744.735	1744.899	1744.573	1744.727	1744.882
K67+591	1744.611	1744.749	1744.913	1744.609	1744.759	1744.909
K67+595	1744.655	1744.769	1744.927	1744.649	1744.791	1744.932
K67+598.5	1744.674	1744.813	1744.935	1744.683	1744.818	1744.952
K67+602	1744.710	1744.863	1744.989	1744.718	1744.845	1744.972
K67+605.5	1744.771	1744.872	1745.012	1744.752	1744.872	1744.992
K67+609	1744.793	1744.868	1744.995	1744.785	1744.898	1745.011
K67+615	1744.863	1744.958	1745.068	1744.854	1744.955	1745.056
K67+621	1744.893	1744.956	1745.044	1744.923	1745.012	1745.101
K67+624.5	1744.959	1745.064	1745.145	1744.974	1745.097	1745.138
K67+628	1745.031	1745.126	1745.175	1745.023	1745.097	1745.172
K67+631.5	1745.107	1745.155	1745.225	1745.074	1745.141	1745.209
K67+635	1745.144	1745.158	1745.279	1745.125	1745.185	1745.246
K67+639	1745.223	1745.249	1745.328	1745.185	1745.237	1745.289
K67+643	1745.276	1745.295	1745.335	1745.245	1745.289	1745.333
K67+647	1745.330	1745.341	1745.413	1745.303	1745.339	1745.375
K67+651	1745.376	1745.383	1745.419	1745.358	1745.414	1745.414
K67+655	1745.448	1745.415	1745.496	1745.411	1745.450	1745.450
K67+659	1745.511	1745.508	1745.536	1745.460	1745.472	1745.483
K67+661	1745.528	1745.552	1745.559	1745.483	1745.491	1745.498
K67+665	1745.593	1745.593	1745.578	1745.526	1745.525	1745.525
K67+669	1745.603	1745.599	1745.595	1745.565	1745.556	1745.548
K67+673	1745.627	1745.625	1745.590	1745.602	1745.585	1745.565
K67+677	1745.656	1745.635	1745.615	1745.636	1745.611	1745.586
K67+681	1745.700	1745.642	1745.606	1745.668	1745.635	1745.602
K67+685	1745.730	1745.687	1745.651	1745.700	1745.659	1745.617

里程桩号	实测左侧顶板标高	实测中间顶板标高	实测右侧顶板标高	左侧顶板理论标高	中间顶板理论标高	右侧顶板理论标高
K67+688.5	1745.749	1745.699	1745.672	1745.729	1745.681	1745.632
K67+692	1745.789	1745.723	1745.672	1745.759	1745.703	1745.648
K67+695.5	1745.790	1745.726	1745.683	1745.791	1745.728	1745.666
K67+699	1745.813	1745.744	1745.707	1745.820	1745.750	1745.681
K67+705	1745.898	1745.818	1745.738	1745.889	1745.807	1745.725
K67+711	1745.938	1745.848	1745.832	1745.958	1745.864	1745.770
K67+714.5	1746.015	1745.912	1745.844	1746.005	1745.904	1745.803
K67+718	1746.057	1745.971	1745.873	1746.052	1745.943	1745.835
K67+721.5	1746.102	1746.003	1745.889	1746.098	1745.982	1745.867
K67+725	1746.167	1746.064	1745.925	1746.144	1746.021	1745.899
K67+729	1746.208	1746.041	1745.930	1746.196	1746.065	1745.935
K67+733	1746.247	1746.111	1745.982	1746.245	1746.106	1745.967
K67+737	1746.308	1746.147	1746.036	1746.292	1746.145	1745.998
K67+741	1746.300	1746.153	1746.051	1746.333	1746.178	1746.023
K67+745	1746.380	1746.182	1746.023	1746.368	1746.205	1746.042
K67+749	1746.400	1746.216	1746.064	1746.403	1746.232	1746.060

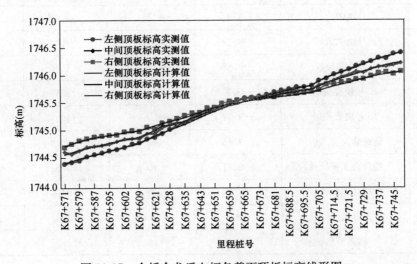

图 11-17　全桥合龙后左幅各截面顶板标高线形图

11.4.2　应力监控结果

5号墩各测点应力平均值见表11-9，控制断面的应力测试结果见表11-10和表11-11。

表 11-9　　　　　　　　　　　5号墩测点应力平均值　　　　　　　　　　　（MPa）

序号	测量阶段	顶板应力		底板应力	
		实测应力	理论应力	实测应力	理论应力
1	1号块浇筑后	0	0	0	0
2	1号块张拉后	−1.49	−1.65	0.12	0.13
3	2号块浇筑后	−1.21	−1.35	−0.17	−0.194
4	2号块张拉后	−2.9	−3.24	0.093	0.103
5	3号块浇筑后	−2.35	−2.74	−0.38	−0.42
6	3号块张拉后	−4.12	−4.66	−0.069	−0.0764
7	4号块浇筑后	−3.62	−4.02	−0.69	−0.771
8	4号块张拉后	−5.589	−6.24	−0.22	−0.244
9	5号块浇筑后	−4.91	−5.34	−1.08	−1.2
10	5号块张拉后	−6.7	−7.44	−0.71	−0.77
11	6号块浇筑后	−5.78	−6.42	−1.70	−1.88
12	6号块张拉后	−7.62	−8.53	−1.29	−1.44
13	7号块浇筑后	−6.59	−7.35	−2.46	−2.73
14	7号块张拉后	−8.51	−9.49	−2.01	−2.23
15	8号块浇筑后	−7.33	−8.2	−3.70	−3.65
16	8号块张拉后	−9.31	−10.4	−2.68	−3.08
17	9号块浇筑后	−8.12	−9.04	−4.04	−4.55
18	9号块张拉后	−9.55	−10.6	−4.16	−4.15
19	10号块浇筑后	−8.2	−9.11	−5.17	−5.79
20	10号块张拉后	−9.52	−10.7	−4.83	−5.37
21	边跨合龙浇筑后	−9.43	−10.6	−4.90	−5.44
22	边跨合龙张拉后	−9.51	−10.8	−4.52	−5.18
23	中跨合龙浇筑后	−9.02	−10.2	−4.75	−5.28
24	中跨合龙张拉后	−8.9	−9.89	−3.01	−3.36
25	拆除挂篮	−9.22	−10.2	−2.57	−2.85

注　表中应力受压为正，受拉为负。

表 11-10　　　　　　　　　　　　A3 截面应力测点应力平均值　　　　　　　　　　（MPa）

序号	测量阶段	顶板应力		底板应力	
		实测应力	理论应力	实测应力	理论应力
1	5 号块张拉后	−1.638	−1.78	−0.21	−0.234
2	6 号块浇筑后	−1.629	−1.76	−0.22	−0.241
3	6 号块张拉后	−3.681	−4.1	0	0.001
4	7 号块浇筑后	−3.71	−3.63	−0.61	−0.713
5	7 号块张拉后	−5.68	−5.87	−0.27	−0.326
6	8 号块浇筑后	−4.87	−5.25	−1.32	−1.46
7	8 号块张拉后	−7.50	−7.43	−0.85	−0.941
8	9 号块浇筑后	−5.913	−6.46	−2.11	−2.38
9	9 号块张拉后	−8.31	−8.28	−1.78	−2.03
10	10 号块浇筑后	−6.318	−7.02	−3.52	−3.85
11	10 号块张拉后	−7.947	−8.72	−3.14	−3.47
12	边跨合龙浇筑后	−7.884	−8.78	−3.16	−3.49
13	边跨合龙张拉后	−7.875	−8.68	−3.15	−3.49
14	中跨合龙浇筑后	−7.407	−8.46	−2.91	−3.23
15	中跨合龙张拉后	−8.073	−8.92	−3.04	−3.37
16	拆除挂篮	−8.01	−8.96	−2.73	−3.09

表 11-11　　　　　　　　　　　　C 截面应力测点应力平均值　　　　　　　　　　（MPa）

序号	测量阶段	顶板应力		底板应力	
		实测应力	理论应力	实测应力	理论应力
1	中跨合龙浇筑后	−0.05	−0.06	1.32	1.49
2	中跨合龙张拉后	−2.92	−3.25	−6.58	−7.38
3	拆除挂篮	−2.04	−2.29	−7.56	−8.37

　　各控制截面实测应力值与理论值比较可以看出：各个工况的应力与理论值基本相同，个别实测值大于理论值，但远小于混凝土的容许压应力，且未出现拉应力，说明施工过程中混凝土的受力处于安全状态。

11.5　结论

　　各梁段施工过程中，建桥各方严格执行监控实施细则的相关规定，合理安排工序作业时间，积极配合施工监控工作。从梁段成梁时的实测数据来看：

（1）主梁线形方面，各节段挠度误差满足规范要求，已成梁段整体线形平顺流畅。

（2）在主梁各梁段成梁状态下，各主梁控制截面实测应力与理论值吻合良好，主梁结构受力状况良好，且没有出现拉应力，符合设计要求，主梁结构安全可靠。

（3）在成桥状态下，该桥主梁梁底标高实测值与理论值吻合良好，主梁线形顺畅。

（4）在成桥状态下，该桥主梁控制截面实测应力值与理论计算值较为吻合，表明主梁应力处于安全状态，主梁结构受力符合设计要求，受力状况良好，主梁结构安全可靠。

参 考 文 献

[1] 朱尔玉，冯东，朱晓伟，等 . 工程结构试验 ［M］. 北京：清华大学出版社，2016.

[2] 张建仁，田仲初 . 土木工程试验 ［M］. 北京：人民交通出版社，2012.

[3] 熊仲明，王社良 . 土木工程结构试验 ［M］. 2 版 . 北京：中国建筑工业出版社，2015.

[4] 王天稳 . 土木工程结构试验 ［M］. 3 版 . 武汉：武汉理工大学出版社，2013.

[5] 曹国辉 . 土木工程结构试验 ［M］. 2 版 . 北京：中国电力出版社，2023.

[6] 周明华 . 土木工程结构试验与检测 ［M］. 南京：东南大学出版社，2017.

[7] 王社良，赵祥 . 土木工程结构试验 ［M］. 重庆：重庆大学出版社，2015.

[8] 张望喜 . 结构试验 ［M］. 武汉：武汉大学出版社，2016.

[9] 李国栋，赵卫平 . 桥梁结构试验与检测技术 ［M］. 北京：人民交通出版社，2019.

[10] 宋彧 . 建筑结构试验与检测 ［M］. 2 版 . 北京：人民交通出版社，2014.

[11] 徐杰，刘杰 . 建筑结构试验与检测 ［M］. 天津：天津大学出版社，2022.

[12] 樊锋，张问坪，程景扬 . 公路桥梁结构荷载试验与检测评定 ［M］. 长春：吉林科学技术出版
社，2021.

[13] 赵菊梅，李国庆 . 土木工程结构试验与检测 ［M］. 西安：西安交通大学出版社，2015.

[14] 王伟 . Midas Civil 桥梁荷载试验实例精析 ［M］. 北京：中国水利水电出版社，2017.

[15] 杨溥，刘立平 . 建筑结构试验设计与分析 ［M］. 重庆：重庆大学出版社，2022.

[16] 应江虹，苏龙 . 公路桥梁技术状况检测与评定 ［M］. 北京：北京理工大学出版社，2021.

[17] 中华人民共和国交通部 . JTG H11—2004 公路桥涵养护规范 ［S］. 北京：人民交通出版社，2004.

[18] 中华人民共和国交通运输部 . JTG/T H21—2011 公路桥梁技术状况评定标准 ［S］. 北京：人民交
通出版社，2011.

[19] 中华人民共和国交通运输部 . JTG/T J21—2011 公路桥梁承载能力检测评定规程 ［S］. 北京：人民
交通出版社，2011.

[20] 中华人民共和国住房和城乡建设部 . GB 50010—2010 混凝土结构设计规范 ［S］. 北京：中国建筑
工业出版社，2010.